U0173663

国家出版基金资助项目

现代数学中的著名定理纵横谈丛书

丛书主编　王梓坤

Erdös-Mordell Inequality

Erdös-Mordell型不等式

刘培杰数学工作室 编

内 容 简 介

本书从一道 IMO 试题的证法谈起，详细介绍了有关 Erdös-Mordell 不等式的相关内容，给出了多种证明方法，并以此为基础对 Erdös-Mordell 不等式进行了加强与推广. 对高维空间与球面上的 Erdös-Mordell 不等式也给出了结论与猜想. 最后还介绍了国外研究此不等式的成果.

本书适合数学专业的大学师生及数学爱好者阅读和参考.

图书在版编目(CIP)数据

Erdös-Mordell 型不等式/刘培杰数学工作室编. —哈尔滨:哈尔滨工业大学出版社，2021.1

(现代数学中的著名定理纵横谈丛书)

ISBN 978-7-5603-8031-5

Ⅰ.①E… Ⅱ.①刘… Ⅲ.①不等式-研究 Ⅳ.①O178

中国版本图书馆 CIP 数据核字(2019)第 045872 号

策划编辑　刘培杰　张永芹
责任编辑　张永芹　宋　淼
封面设计　孙茵艾
出版发行　哈尔滨工业大学出版社
社　　址　哈尔滨市南岗区复华四道街 10 号　邮编 150006
传　　真　0451-86414749
网　　址　http://hitpress.hit.edu.cn
印　　刷　哈尔滨市石桥印务有限公司
开　　本　787mm×960mm　1/16　印张 12.25　字数 135 千字
版　　次　2021 年 1 月第 1 版　2021 年 1 月第 1 次印刷
书　　号　ISBN 978-7-5603-8031-5
定　　价　78.00 元

⊙代序

读书的乐趣

你最喜爱什么——书籍.

你经常去哪里——书店.

你最大的乐趣是什么——读书.

这是友人提出的问题和我的回答.真的,我这一辈子算是和书籍,特别是好书结下了不解之缘.有人说,读书要费那么大的劲,又发不了财,读它做什么?我却至今不悔,不仅不悔,反而情趣越来越浓.想当年,我也曾爱打球,也曾爱下棋,对操琴也有兴趣,还登台伴奏过.但后来却都一一断交,"终身不复鼓琴".那原因便是怕花费时间,玩物丧志,误了我的大事——求学.这当然过激了一些.剩下来唯有读书一事,自幼至今,无日少废,谓之书痴也可,谓之书橱也可,管它呢,人各有志,不可相强.我的一生大志,便是教书,而当教师,不多读书是不行的.

读好书是一种乐趣,一种情操;一种向全世界古往今来的伟人和名人求教的方法，一种和他们展开讨论的方式；一封出席各种活动、体验各种生活、结识各种人物的邀请信；一张迈进科学宫殿和未知世界的入场券；一股改造自己、丰富自己的强大力量.书籍是全人类有史以来共同创造的财富，是永不枯竭的智慧的源泉.失意时读书，可以使人重整旗鼓；得意时读书，可以使人头脑清醒；疑难时读书，可以得到解答或启示；年轻人读书，可明奋进之道；年老人读书，能知健神之理.浩浩乎！洋洋乎！如临大海，或波涛汹涌，或清风微拂，取之不尽，用之不竭.吾于读书，无疑义矣，三日不读，则头脑麻木，心摇摇无主.

潜能需要激发

我和书籍结缘，开始于一次非常偶然的机会.大概是八九岁吧，家里穷得揭不开锅，我每天从早到晚都要去田园里帮工.一天，偶然从旧木柜阴湿的角落里，找到一本蜡光纸的小书，自然很破了.屋内光线暗淡，又是黄昏时分，只好拿到大门外去看.封面已经脱落，扉页上写的是《薛仁贵征东》.管它呢，且往下看.第一回的标题已忘记，只是那首开卷诗不知为什么至今仍记忆犹新：

日出遥遥一点红，飘飘四海影无踪.

三岁孩童千两价，保主跨海去征东.

第一句指山东，二、三两句分别点出薛仁贵（雪、人贵）.那时识字很少，半看半猜，居然引起了我极大的兴趣，同时也教我认识了许多生字.这是我有生以来独立看的第一本书.尝到甜头以后，我便千方百计去找书，向小朋友借，到亲友家找，居然断断续续看了《薛丁山征西》《彭公案》《二度梅》等，樊梨花便成了我心中的女英雄.我真入迷了.从此,放牛也罢,车水也罢,我总要带一本书,还练出了边走田间小路边读书的本领,读得津津有味,不知人间别有他事.

当我们安静下来回想往事时,往往会发现一些偶然的小事却影响了自己的一生.如果不是找到那本《薛仁贵征东》,我的好学心也许激发不起来.我这一生,也许会走另一条路.人的潜能,好比一座汽油库,星星之火,可以使它雷声隆隆、光照天地;但若少了这粒火星,它便会成为一潭死水,永归沉寂.

抄,总抄得起

好不容易上了中学,做完功课还有点时间,便常光顾图书馆.好书借了实在舍不得还,但买不到也买不起,便下决心动手抄书.抄,总抄得起.我抄过林语堂写的《高级英文法》,抄过英文的《英文典大全》,还抄过《孙子兵法》,这本书实在爱得狠了,竟一口气抄了两份.人们虽知抄书之苦,未知抄书之益,抄完毫末俱见,一览无余,胜读十遍.

始于精于一,返于精于博

关于康有为的教学法,他的弟子梁启超说:"康先生之教,专标专精、涉猎二条,无专精则不能成,无涉猎则不能通也."可见康有为强烈要求学生把专精和广博(即"涉猎")相结合.

在先后次序上,我认为要从精于一开始.首先应集中精力学好专业,并在专业的科研中做出成绩,然后逐步扩大领域,力求多方面的精.年轻时,我曾精读杜布(J. L. Doob)的《随机过程论》,哈尔莫斯(P. R. Halmos)的《测度论》等世界数学名著,使我终身受益.简言之,即"始于精于一,返于精于博".正如中国革命一样，必须先有一块根据地，站稳后再开创几块，最后连成一片.

丰富我文采，澡雪我精神

辛苦了一周，人相当疲劳了，每到星期六，我便到旧书店走走，这已成为生活中的一部分，多年如此. 一次，偶然看到一套《纲鉴易知录》，编者之一便是选编《古文观止》的吴楚材. 这部书提纲挈领地讲中国历史，上自盘古氏，直到明末，记事简明，文字古雅，又富于故事性，便把这部书从头到尾读了一遍. 从此启发了我读史书的兴趣.

我爱读中国的古典小说，例如《三国演义》和《东周列国志》. 我常对人说，这两部书简直是世界上政治阴谋诡计大全. 即以近年来极时髦的人质问题（伊朗人质、劫机人质等），这些书中早就有了，秦始皇的父亲便是受害者，堪称"人质之父".

《庄子》超尘绝俗，不屑于名利. 其中"秋水""解牛"诸篇，诚绝唱也.《论语》束身严谨，勇于面世，"己所不欲，勿施于人"，有长者之风. 司马迁的《报任少卿书》，读之我心两伤，既伤少卿，又伤司马；我不知道少卿是否收到这封信，希望有人做点研究. 我也爱读鲁迅的杂文，果戈理、梅里美的小说. 我非常敬重文天祥、秋瑾的人品，常记他们的诗句："人生自古谁无死，留取丹心照汗青""休言女子非英物，夜夜龙泉壁上鸣". 唐诗、宋词、《西厢记》《牡丹亭》，丰富我文采，澡雪我精神，其中精粹，实是人间神品.

读了邓拓的《燕山夜话》，既叹服其广博，也使我动了写《科学发现纵横谈》的心. 不料这本小册子竟给我招来了上千封鼓励信. 以后人们便写出了许许多多的“纵横谈”.

从学生时代起,我就喜读方法论方面的论著.我想,做什么事情都要讲究方法,追求效率、效果和效益,方法好能事半而功倍.我很留心一些著名科学家、文学家写的心得体会和经验.我曾惊讶为什么巴尔扎克在51年短短的一生中能写出上百本书,并从他的传记中去寻找答案.文史哲和科学的海洋无边无际,先哲们的明智之光沐浴着人们的心灵,我衷心感谢他们的恩惠.

读书的另一面

以上我谈了读书的好处,现在要回过头来说说事情的另一面.

读书要选择.世上有各种各样的书:有的不值一看,有的只值看20分钟,有的可看5年,有的可保存一辈子,有的将永远不朽.即使是不朽的超级名著,由于我们的精力与时间有限,也必须加以选择.决不要看坏书,对一般书,要学会速读.

读书要多思考.应该想想,作者说得对吗?完全吗?适合今天的情况吗?从书本中迅速获得效果的好办法是有的放矢地读书,带着问题去读,或偏重某一方面去读.这时我们的思维处于主动寻找的地位,就像猎人追找猎物一样主动,很快就能找到答案,或者发现书中的问题.

有的书浏览即止,有的要读出声来,有的要心头记住,有的要笔头记录.对重要的专业书或名著,要勤做笔记,“不动笔墨不读书”.动脑加动手,手脑并用,既可加深理解,又可避忘备查,特别是自己的灵感,更要及时抓住.清代章学诚在《文史通义》中说:“札记之功必不可少,如不札记,则无穷妙绪如雨珠落大海矣.”

许多大事业、大作品,都是长期积累和短期突击相结合的产物.涓涓不息,将成江河;无此涓涓,何来江河?

爱好读书是许多伟人的共同特性,不仅学者专家如此,一些大政治家、大军事家也如此.曹操、康熙、拿破仑、毛泽东都是手不释卷,嗜书如命的人.他们的巨大成就与毕生刻苦自学密切相关.

王梓坤

⊙

目录

第一编

从一道 IMO 试题的证法谈起

Erdös-Mordell 不等式

第一章

§1 引　　言

在瑞典举行的第32届IMO试题中的第5题为：

如图1，P为$\triangle ABC$内一点，求证：$\angle PAB$，$\angle PBC$，$\angle PCA$中至少有一个角小于或等于30°.

这道试题的证法很多.

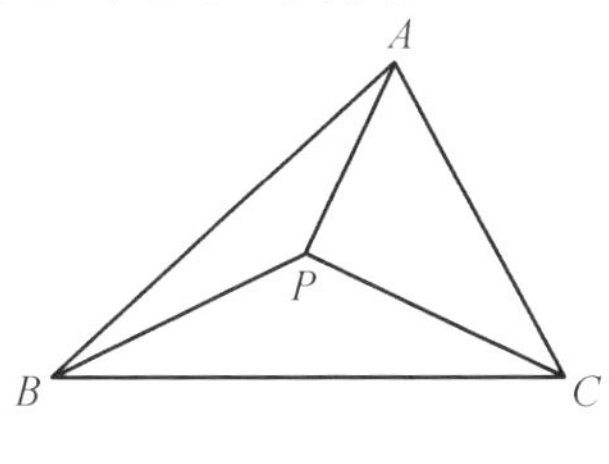

图1

下面是利用反证法的一种证明.

假设 $\angle PAB,\angle PBC,\angle PCA$ 三个角均大于 $30°$，我们分两种情况考虑：

(1) 若其中某一个角大于或等于 $150°$，不妨令 $\angle PAB \geqslant 150°$，则 $\angle BAC > \angle PAB \geqslant 150°$，因此 $\angle ABC \leqslant 30°$，更有 $\angle PBC < \angle ABC \leqslant 30°$，得证.

(2) 令点 P 到 $\triangle ABC$ 三条边的距离分别为 PD，PE，PF. 若其中没有一个角大于或等于 $150°$，即三个角都在 $30° \sim 150°$ 之间，那么在 $\triangle PBD$ 中

$$PD = PB \cdot \sin \angle PBC > \frac{1}{2}PB$$

同理可证 $PE > \frac{PC}{2}$，$PF > \frac{PA}{2}$. 三式相加得

$$2(PD + PE + PF) > PA + PB + PC$$

而这恰与著名的 Erdös-Mordell 不等式相矛盾，由此可知开始的假设是错误的，故原命题为真，证毕.

什么是 Erdös-Mordell 不等式？它在中学数学教学和数学竞赛中又有哪些作用？这正是本章所要介绍的.

§2 Erdös-Mordell 不等式

匈牙利著名数学家 Paul Erdös 曾提出了一个几何不等式：

P 为 $\triangle ABC$ 内部(或边上)一点，P 到三边距离分别为 PD，PE，PF，则有

$$PA + PB + PC \geqslant 2(PD + PE + PF)$$

后来由英国数学家 Louis Joel Mordell (1888—1972) 给出了一个证明，因此这个不等式被称为

Erdös-Mordell 不等式[2].

如图 2,过 P 作直线分别交 AC,AB 于 B',C',并且使 $\angle AB'C'=\angle ABC$. 于是 $\triangle AB'C'\backsim\triangle ABC$. 用 a,b,c 和 a',b',c' 分别记 $\triangle ABC$ 和 $\triangle AB'C'$ 的三边的长,则有

$$\frac{a'}{a}=\frac{b'}{b}=\frac{c'}{c}=k>0$$

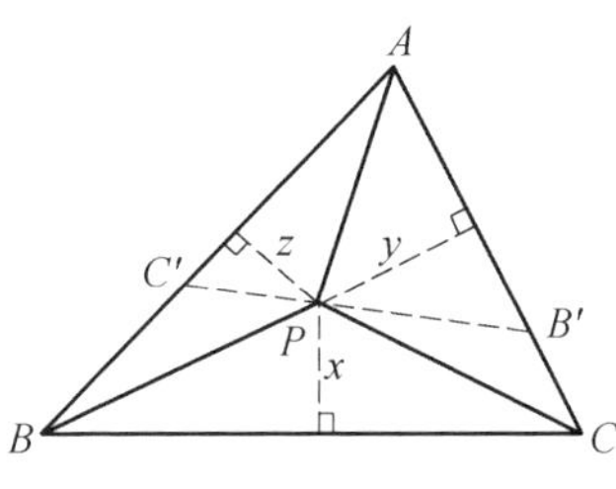

图 2

因为 $S_{\triangle PAC'}+S_{\triangle PAB'}=S_{\triangle AB'C'}$,所以有

$$\frac{1}{2}z\cdot AC'+\frac{1}{2}y\cdot AB'=S_{\triangle AB'C'}\leqslant\frac{1}{2}AP\cdot B'C'$$

即 $zb'+yc'\leqslant AP\cdot a'$,从而 $zb+yc\leqslant AP\cdot a$ 可以变形为

$$z\cdot\frac{b}{a}+y\cdot\frac{c}{a}\leqslant PA$$

同理可证

$$y\cdot\frac{a}{c}+x\cdot\frac{b}{c}\leqslant PC,x\cdot\frac{c}{b}+z\cdot\frac{a}{b}\leqslant PB$$

将以上三式相加并加以整理有

$$x\left(\frac{c}{b}+\frac{b}{c}\right)+y\left(\frac{a}{c}+\frac{c}{a}\right)+z\left(\frac{a}{b}+\frac{b}{a}\right)\leqslant PA+PB+PC$$

注意到

$$\frac{c}{b}+\frac{b}{c}\geqslant 2,\frac{a}{c}+\frac{c}{a}\geqslant 2,\frac{a}{b}+\frac{b}{a}\geqslant 2$$

故可推出

$$PA+PB+PC\geqslant 2(x+y+z)$$

由上述推理的过程可见欲使等号成立，必须有 $a=b=c$，$AP\perp BC$，$BP\perp AC$，$CP\perp AB$，即 $\triangle ABC$ 是正三角形，且 P 为其中心.

例 1 设 P 是锐角 $\triangle ABC$ 的内心，求证

$$PA+PB+PC\geqslant\frac{2}{\sqrt{3}}l$$

其中 l 是 $\triangle ABC$ 的内切圆的三个切点组成的三角形的周长.

证明 如图 3，因为 P 为 $\triangle ABC$ 的内心，于是

$$PD=PE=PF=r$$

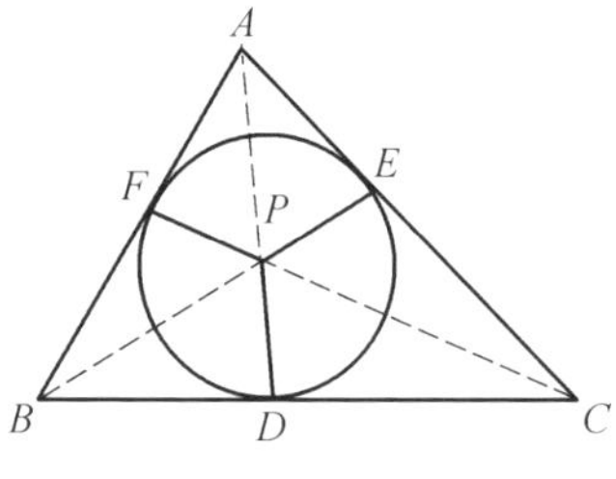

图 3

所以由 Erdös-Mordell 不等式得

$$PA+PB+PC\geqslant 2(PD+PE+PF)=2\times 3r=6r$$

再注意到在一个圆的所有内接三角形中，等边三角形的周长最大，于是

$$PA+PB+PC\geqslant 6r=\frac{2}{\sqrt{3}}(3\sqrt{3}r)=$$

$$\frac{2}{\sqrt{3}}(DE+EF+FD)=\frac{2}{\sqrt{3}}l$$

等号当且仅当$\triangle ABC$为等边三角形,且点P为它的中心时才成立. 证毕.

例 2　三个圆交于一点P,它们的半径分别为R_1,R_2,R_3,求证:三公共弦之和小于或等于$R_1+R_2+R_3$.

证明　联结三个圆的圆心O_1,O_2,O_3,得$\triangle O_1O_2O_3$,则$O_1O_2\perp PR$,$O_2O_3\perp PS$,$O_3O_1\perp PT$,R,S,T为垂足,且

$$PD=\frac{1}{2}PR,PE=\frac{1}{2}PT,PF=\frac{1}{2}PS$$

由 Erdös-Mordell 不等式知

$$\begin{aligned}O_1P+O_2P+O_3P\geqslant 2(PD+PE+PF)=\\ 2\left(\frac{1}{2}PR+\frac{1}{2}PT+\frac{1}{2}PS\right)=\\ PR+PT+PS\end{aligned}$$

即

$$PR+PS+PT\leqslant R_1+R_2+R_3$$

证毕.

例 3　(1991 年数学理科班试题)设在圆内接六边形$ABCDEF$中,$AB=BC$,$CD=DE$,$EF=FA$. 求证:

(1)AD,BE,CF三条对角线交于一点;

(2)六边形$ABCDEF$的周长$AB+BC+CD+DE+EF+FA\geqslant AD+BE+CF$.

证明　(1)联结AE,EC,CA,如图 4.

由于$CD=DE$,故$\overset{\frown}{CD}=\overset{\frown}{DE}$,故$AD$是$\angle A$的平分线. 同理可证$BE$,$CF$分别为$\angle E$,$\angle C$的平分线. 即$AD$,$BE$,$CF$为$\triangle AEC$中的三条角平分线,因此它们必交于一点.

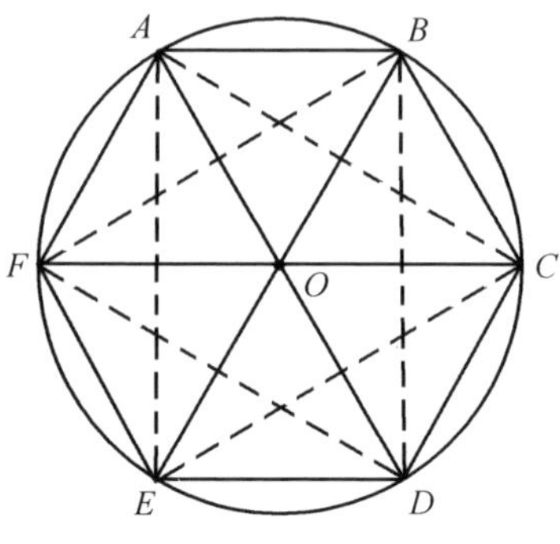

图 4

（2）如图 5，设 AD，BE，CF 交于一点 O. 由

$$\left.\begin{array}{l}\angle 1=\angle 2 \\ \angle 3=\angle 4 \\ DF=DF\end{array}\right\} \Rightarrow \triangle DEF \cong \triangle DOF$$

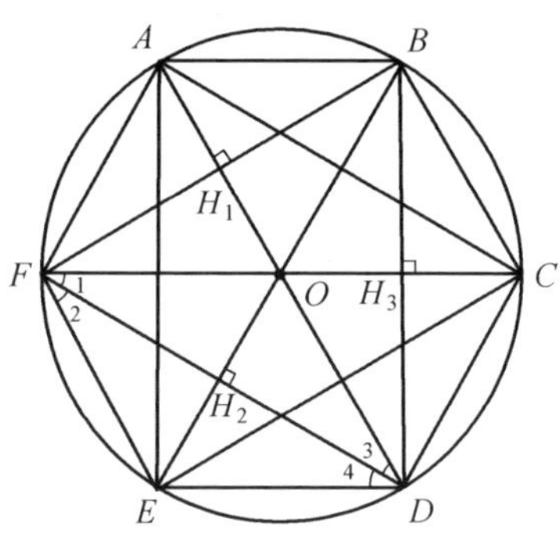

图 5

且关于 DF 对称，则

$$\left\{\begin{array}{l}DE=OD \\ EF=OF \\ OE \perp DF\end{array}\right. \qquad ①$$

同理由 $\triangle BCD \cong \triangle BOD$ 且关于 BD 对称，$\triangle ABF \cong \triangle OBF$ 且关于 FB 对称，可得

$$\begin{cases} CD = OD \\ BC = OB \\ OC \perp BD \end{cases} \quad ②$$

$$\begin{cases} AB = OB \\ AF = OF \\ AO \perp BF \end{cases} \quad ③$$

由 ①②③ 可知 H_1, H_2, H_3 为垂足，且

$$AB + BC + CD + DE + EF + FA = 2(OB + OD + OF)$$

故原不等式等价于

$$2(OB + OD + OF) \geqslant AD + BE + CF \Rightarrow$$
$$OB + OD + OF \geqslant AO + OE + OF = 2(OH_1 + OH_2 + OH_3)$$

对于 $\triangle BDF$ 来说，这正是 Erdös-Mordell 不等式，等号当且仅当 $BD = DF = FB$，即 $ABCDEF$ 为正六边形时成立.

最后顺便介绍一下，这个著名的不等式从 1935 年被提出至今，很多人对它进行了推广和加强. 比如 1987 年田隆岗将这个不等式推广为

$$x^n + y^n + z^n \geqslant 2(p^n + q^n + r^n) + 6(2^{n-1} - 1)(pqr)^{\frac{n}{3}}$$

1988 年李广兴将不等式中自然数 n 改进为对任意实数 $\alpha \geqslant 2$ 成立，并猜想 $1 < |\alpha| < 2$ 时也成立.

§3　Erdös-Mordell 定理的一个简短证明

1993 年《美国数学月刊》介绍了一个由 André Arez 给出的初等证明，为了向学生介绍，我们将其译

于本节中.

1935 年,Paul Erdös 猜测:$\triangle ABC$ 内部(或边界上)的任一点 I 到各顶点的距离之和至少是 I 到各边的距离之和的二倍.进而,他猜想:二倍的情形当且仅当 $\triangle ABC$ 是等边三角形,I 是它的外接圆中心时出现.

虽然这是简单明了的,但 1937 年 L. J. Mordell 才给出第一个证明,且这个证明不是初等的.第一个初等证明是 1945 年由 D. K. Kazarinoff 作出的(见他儿子的书[2]),这个证明的技巧很高,显得不自然.

我们的目的是给出一个自然而不造作的证明,适合大学生水平.

我们需要两个预备结果,第一个是初等的:对每个 $r>0$,$r+r^{-1}\geqslant 2$,等号当且仅当 $r=1$ 时成立(将 $(r-1)^2r^{-1}\geqslant 0$ 的左边展开,可看出这一点);第二个结果是著名的 Ptolemy 定理:设 $ABCD$ 是一个内接于圆的凸四边形,则它的对边的乘积之和等于它的对角线的乘积

$$AC\cdot BD=AB\cdot CD+BC\cdot DA$$

可以通过反演得出 Ptolemy 定理的初等证明,另一个有趣的证明是用复数的方法[1].

Erdös-Mordell 定理的证明 点 I 是 $\triangle ABC$ 内部(或边界上)的一个点,令 I 到各顶点的距离是 $a=IA$,$b=IB$,$c=IC$,I 到边 BC,CA 和 AB 的距离分别是 u,v 和 w,令 S 是通过三个顶点 A,B 和 C 的圆,设过 A 和 I 的直线交圆 S 于另一点 A',应用 Ptolemy 定理于 $ABA'C$,得出

$$A'C\cdot AB+BA'\cdot AC=AA'\cdot BC \quad ①$$

设 IH 是 $\triangle AIC$ 的高,A'' 是 A' 关于 S 的对径点,因为圆周角 $\angle A'AC$ 和 $\angle A'A''C$ 相等,所以 $\mathrm{Rt}\triangle AIH$ 和 $\mathrm{Rt}\triangle A''A'C$ 相似.于是 $AI\cdot A'C=A'A''\cdot IH=v$.这

里为了方便起见，取 S 的直径为 1(这时 $A'A''=1$，$IH=v$). 同样的，我们有 $IA\cdot BA'=w$. 式 ① 的两边乘以 $IA=a$，并除以 BC 后得出

$$v\cdot\frac{AB}{BC}+w\cdot\frac{AC}{BC}=aAA'$$

我们对三角形的另外两个顶点进行同样的讨论，得出两个相应的等式，将这几个等式相加，有

$$a\cdot AA'+b\cdot BB'+c\cdot CC'=$$
$$u\left(\frac{AC}{AB}+\frac{AB}{AC}\right)+v\left(\frac{BA}{BC}+\frac{BC}{BA}\right)+w\left(\frac{CA}{CB}+\frac{CB}{CA}\right)$$

上式的左边小于或等于 $a+b+c$，等号成立当且仅当 $AA'=BB'=CC'=1$，即 AA'，BB' 和 CC' 是圆 S 的直径，也就是点 I 为外接圆 S 的圆心. 此外，根据我们的第一个预备结果，上式的右边大于或等于 $2(u+v+w)$，当且仅当 $AB=AC=BC$ 时等号成立. 证毕.

推论　$2\left(\frac{1}{a}+\frac{1}{b}+\frac{1}{c}\right)\leqslant\frac{1}{u}+\frac{1}{v}+\frac{1}{w}$.

证明　将图形作关于以 I 为圆心，1 为半径的圆的配极变换.

复数的解释　设 I 是复平面 C 的原点，用复数表示复平面 C 的点.

如果 I，A 和 B 各不相同，对实数 t 取 $|tA+(1-t)B|$ 的极小值，我们得出，I 到直线 AB 的距离是

$$\omega=\frac{|A\bar{B}-\bar{A}B|}{2|A-B|}$$

关于 u 和 v 有类似的表达式，这时 Erdös-Mordell 定理写成

$$\frac{|A\bar{B}-\bar{A}B|}{|A-B|}+\frac{|B\bar{C}-\bar{B}C|}{|B-C|}+\frac{|C\bar{A}-\bar{C}A|}{|C-A|}\leqslant$$
$$|A|+|B|+|C|$$

当且仅当 A,B 和 C 是方程 $z^3-A^3=0$ 的三个根时等号成立.据我们所知,没有这一结果的直接证明,作为推论,将 A,B 和 C 代之以它们的逆,我们得到 Erdös-Mordell 定理的一个新的形式

$$2(ua+vb+wc)\leqslant bc+ca+ab$$

高维情形 当 A,B,C,I 的位置排列具有最大的对称性时,Erdös-Mordell 定理中出现了等号,三维的情形如何呢?正四面体的情形启发了我们:给定四面体 $ABCD$ 内部(或边界上)的任一点 I,I 到各顶点的距离之和 s 至少是 I 到各个面的距离之和 S 的三倍.然而这是不正确的.举一个反例,取 $AC=AD=BC=BD$,$\angle ACB=\angle BDA$ 为直角,C 接近 D,I 取在 AB 的中点.那么

$$S=IA+IB+IC+ID=2AB$$

s 接近于 $\frac{AB}{\sqrt{2}}$,因此 $\frac{S}{s}$ 接近于 $2\sqrt{2}$,它小于 3,这很有趣,它破坏了对称性.

(原题见 *A Short Proof of a Theorem of Erdös and Mordell*,译自《美国数学月刊》,1993 年 1 月出版,p. 60-62.)

参考资料

[1] HARDY G H. A course of pure mathematics [M]. 9th ed. Cambridge: Cambridge University Press, 1948.

[2] KAZARINOFF N. Geometric inequalities[M]. New York: Random House, 1961.

第二编

高手在民间——Erdös-Mordell 不等式的若干初等证明

Erdös-Mordell 不等式的一种证明①

第二章

郑州航院信息统计职业学院的韩可众教授 2005 年就 Euler 不等式 $R \geqslant 2r$ 问题，运用几何知识和三角公式对其在三维空间上的推广，给出了一种证明方法.

Erdös-Mordell 不等式包括：

①Euler 不等式：若 R 和 r 分别为任意三角形的外接圆半径和内切圆半径，Euler 证明了不等式 $R \geqslant 2r$.

②Erdös-Mordell 不等式：若 P 是 $\triangle ABC$（内或边界上）的任一点，P_a，P_b，P_c 为 P 到三边上的距离，则有

$$PA + PB + PC \geqslant 2(P_a + P_b + P_c)$$

③现在，人们提出了 Erdös-Mordell 不等式在三维空间上的推广问题，即四面体内任一点到四面体的面、棱和顶点的距离不等式是什么？

① 摘自《河南科学》，2005，23(5)：650-652.

(1) 设$\triangle ABC$的三边长为a,b,c,三角形外接圆半径为R,三角形内切圆半径为r,$P=\frac{1}{2}(a+b+c)$,易知

$$R=\frac{a}{2\sin A},r=(P-a)\frac{\sin A}{1+\cos A}$$

从右式开始,有

$$r=(P-a)\frac{\sin A}{1+\cos A}=$$
$$(P-a)\frac{\sin A(1-\cos A)}{1-\cos^2 A}=$$
$$\frac{(P-a)}{2\sin A}2(1-\cos A)=$$
$$\frac{a}{2\sin A}\frac{(b+c-a)}{a}(1-\cos A)=$$
$$R\left(\frac{b+c-a}{a}\right)(1-\cos A)$$

因此有

$$R=r\cdot\frac{a}{b+c-a}\cdot\frac{1}{1-\cos A}$$

由余弦定理知

$$1-\cos A=\frac{(a+b-c)(a-b+c)}{2bc}$$

代入上式有

$$R=$$
$$2r\frac{abc}{(a+b+c-2a)(a+b+c-2b)(a+b+c-2c)}=$$
$$2r\frac{abc}{(a+b+c)^3-2(a+b+c)^3+4(ab+ac+bc)(a+b+c)-8abc}=$$
$$2r\frac{abc}{(a+b+c)^3-2(a^2+b^2+c^2)(a+b+c)-8abc}=$$
$$2r\frac{abc}{-(a^3+b^3+c^3)+(ab^2+ba^2+cb^2+bc^2+ca^2+ac^2)-2abc}$$

就分母计算：

(a) 因为 $a^3+b^3+c^3\geqslant 3abc$，所以 $-(a^3+b^3+c^3)\leqslant -3abc$.

(b) $a^2b+ab^2+a^2c+ac^2+b^2c+bc^2\geqslant 6abc$.

(c) $-2abc$.

分式的分子、分母同除以 abc，分子为 1，其中分母内各项的值小于或等于 1.

故有 $R\geqslant 2r$.

(2) Mordett 证明.

如平面三角形示意图（图 1），记

$$PA=x, PB=y, PC=z$$

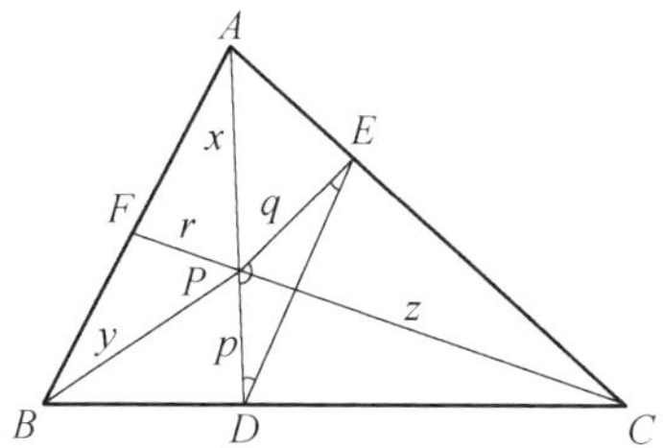

图 1　平面三角形示意图

P 到三边的垂线为

$$PD=p, PE=q, PF=r$$

显然

$$\angle DPE=\pi-\angle ACB$$

在 $\triangle DEP$ 中，由正弦定理得

$$\frac{DE}{\sin(\pi-C)}=\frac{PD}{\sin\angle DEP}=\frac{PE}{\sin\angle EDP}$$

即

$$\frac{DE}{\sin(A+B)}=\frac{p}{\sin\angle DEP}=\frac{q}{\sin\angle EDP}$$

故

$$DE=\frac{p\sin(A+B)}{\sin\angle DEP}=\frac{q\sin(A+B)}{\sin\angle EDP}$$

因此

$$DE=\frac{p\sin(A+B)+q\sin(A+B)}{\sin\angle DEP+\sin\angle EDP}$$

分式相等,不妨假定二者分子、分母分别相等,因此有

$$DE=p\sin(A+B)+q\sin(A+B)$$

因为

$$\sin(A+B)>\sin A,\sin(A+B)>\sin B$$

所以

$$DE=p\sin B+q\sin A$$

又因 P,D,C,E 四点共圆,CP 为直径,所以

$$z=\frac{z}{\sin 90^\circ}=\frac{DE}{\sin C}\geqslant p\frac{\sin B}{\sin C}+q\frac{\sin A}{\sin C}$$

同理

$$x\geqslant r\cdot\frac{\sin B}{\sin A}+q\cdot\frac{\sin C}{\sin A}$$

$$y\geqslant r\cdot\frac{\sin A}{\sin B}+p\cdot\frac{\sin C}{\sin B}$$

以上三式相加,有

$$x+y+z\geqslant 2(p+q+r)$$

(3) 三维空间上的推广问题.

设四面体为 $DABC$,体内有一点 P,四顶点为 A,B,C,D,P 与对应顶点的连线的长为 a,b,c,d,P 到四个面上的距离为 P_a,P_b,P_c,P_d. P 到四顶点的连线为 PA,PB,PC,PD. 如四面体示意图(图 2).

显然有

$$3P_d<PA+PB+PC$$

$$3P_a < PB + PC + PD$$
$$3P_b < PA + PC + PD$$
$$3P_c < PA + PB + PD$$

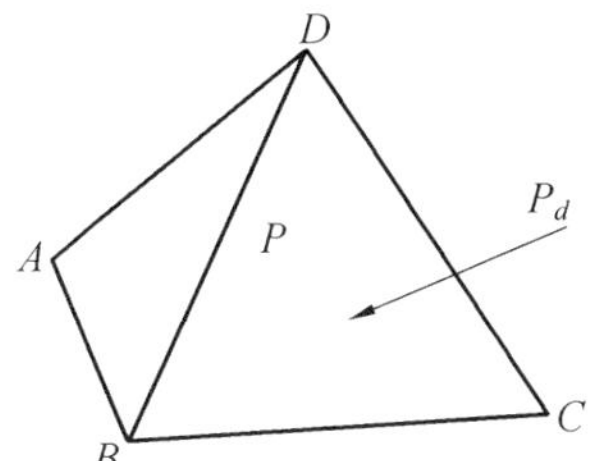

图 2　四面体示意图

以上三式相加，有

$$P_a + P_b + P_c + P_d < PA + PB + PC + PD$$

若顶点 D 到 $\triangle ABC$ 的高为 h，通过 $\triangle ABC$ 的外心 O 作 $\triangle ABC$ 的垂线，$OE = h$.

如四面体辅助图(图 3)，有

$$\sin \alpha = \frac{h}{EC} = \frac{h}{EA} = \frac{h}{EB}$$

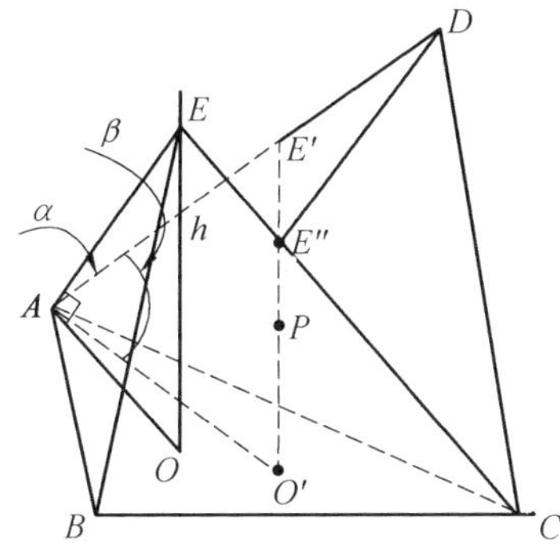

图 3　四面体辅助图

所以

$$\alpha = \sin^{-1}\left(\frac{h}{EA}\right)$$

通过 P 作 $\triangle ABC$ 的垂线

$$E'O' = h$$

则 $E'A$，$E'B$，$E'C$ 中有最大者，若最大者为 $E'A$，显然 $\frac{h}{E'A} = \sin\beta$，即 $\beta = \sin^{-1}\left(\frac{h}{E'A}\right)$，因此 $\alpha > \beta$.

又因为 $E'O'$ 交平面 DBC 于 E''，所以

$$\sin\gamma = \frac{E''O'}{E''A}, \gamma = \sin^{-1}\left(\frac{E''O'}{E''A}\right), \alpha > \beta > \gamma$$

因为 $\sin\theta = \frac{P_d}{AP}$，$\theta = \sin^{-1}\left(\frac{P_d}{AP}\right)$，所以 $\alpha > \beta > \gamma > \theta$，即

$$90^\circ > \alpha > \beta > \gamma > \theta > 0$$

因为

$$P_d = PA \cdot \sin\theta$$

同理有

$$P_a = PB\sin\theta', P_b = PC\sin\theta'', P_c = PD\sin\theta'''$$

因为 $90^\circ > \theta > \theta' > \theta'' > \theta''' > 0$，所以

$$P_d \div \sin\theta = PA, P_a \div \sin\theta' = PB$$

$$P_b \div \sin\theta'' = PC, P_c \div \sin\theta''' = PD$$

显然

$$\frac{P_d + P_a + P_b + P_c}{\sin\theta\sin\theta'\sin\theta''\sin\theta'''} \leqslant PC + PA + PB + PD$$

因为

$$\sin\theta\sin\theta'\sin\theta''\sin\theta''' < \frac{1}{2}$$

所以

$$2(P_d + P_a + P_b + P_c) \leqslant PC + PA + PB + PD$$

即说明 Erdös-Mordell 不等式在三维空间上成立.

参考资料

[1] 王向东.不等式理论方法[M].郑州:河南教育出版社,1994.

[2] 希尔 W,洛夫 G.应用数学基础[M].北京:科学出版社,1981.

[3] 南开大学数学组.空间解析几何引论[M].北京:人民教育出版社,1979.

[4] 杨荣祥.立体几何[M].上海:上海科学技术出版社,1981.

冷岗松教授对 Erdös-Mordell 不等式的五种证明

第三章

在冷岗松教授编著的《几何不等式》(上海华东师范大学出版社,2017 年第二版) 中介绍了对 Erdös-Mordell 不等式的五种证法:

Erdös-Mordell 不等式 设 P 为 $\triangle ABC$ 内任意一点,P 到三边 BC,CA,AB 的距离分别为 $PD=p$,$PE=q$,$PF=r$,并记 $PA=x$,$PB=y$,$PZ=z$,则

$$x+y+z\geqslant 2(p+q+r)$$

等号成立当且仅当 $\triangle ABC$ 为正三角形并且 P 为此三角形的中心.

这里介绍 Erdös-Mordell 不等式的五种证法. 证法 1 是 L. J. Mordell 在 1937 年给出的,比较简单且被广泛引用.

证法 1 如图 1,注意到 $\angle DPE=180^{\circ}-\angle ACB$,由余弦定理

$$DE=\sqrt{p^2+q^2+2pq\cos\angle ACB}=$$

$$\sqrt{p^2+q^2+2pq\sin\angle BAC\sin\angle ABC-2pq\cos\angle BAC\cos\angle ABC}=$$

$$\sqrt{(p\sin\angle ABC+q\sin\angle BAC)^2+(p\cos\angle ABC-q\cos\angle BAC)^2}\geqslant$$

$$\sqrt{(p\sin\angle ABC+q\sin\angle BAC)^2}=$$

$$p\sin\angle ABC+q\sin\angle BAC$$

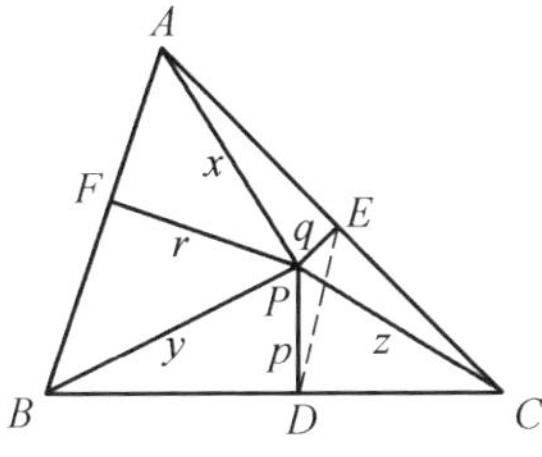

图 1

又因 P,D,C,E 四点共圆，线段 CP 为该圆的直径，所以

$$z=\frac{DE}{\sin\angle ACB}\geqslant\left(\frac{\sin\angle ABC}{\sin\angle ACB}\right)p+\left(\frac{\sin\angle BAC}{\sin\angle ACB}\right)q$$

同理

$$x\geqslant\left(\frac{\sin\angle ABC}{\sin\angle BAC}\right)r+\left(\frac{\sin\angle ACB}{\sin\angle BAC}\right)q$$

$$y\geqslant\left(\frac{\sin\angle BAC}{\sin\angle ABC}\right)r+\left(\frac{\sin\angle ACB}{\sin\angle BAC}\right)p$$

三式相加便得

$$\begin{aligned}x+y+z\geqslant&\left(\frac{\sin\angle ABC}{\sin\angle ACB}+\frac{\sin\angle ACB}{\sin\angle ABC}\right)p+\\&\left(\frac{\sin\angle BAC}{\sin\angle ACB}+\frac{\sin\angle ACB}{\sin\angle BAC}\right)q+\\&\left(\frac{\sin\angle ABC}{\sin\angle BAC}+\frac{\sin\angle BAC}{\sin\angle ABC}\right)r\geqslant\\&2(p+q+r)\end{aligned}$$

得证.

下面的证法 2 是张景中先生给出的,巧妙地运用了面积关系,证法简洁明了.

证法 2 如图 2,过点 P 作直线 MN,使得 $\angle AMN=\angle ACB$,于是

$$\triangle AMN \backsim \triangle ACB$$

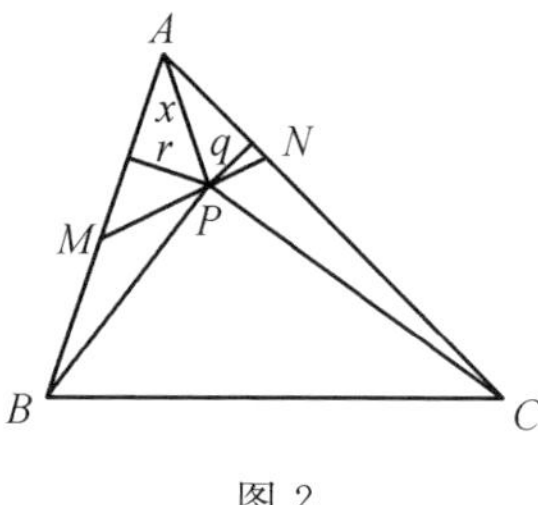

图 2

从而

$$\frac{AN}{MN}=\frac{c}{a},\frac{AM}{MN}=\frac{b}{a}$$

因为

$$S_{\triangle AMN}=S_{\triangle AMP}+S_{\triangle ANP}$$

所以

$$AP\cdot MN\geqslant q\cdot AN+r\cdot AM$$

所以

$$x=AP\geqslant q\cdot\frac{AN}{MN}+r\cdot\frac{AM}{MN}$$

即

$$x\geqslant\frac{c}{a}\cdot q+\frac{b}{a}\cdot r \qquad ①$$

同理

$$y\geqslant\frac{c}{b}\cdot p+\frac{a}{b}\cdot r \qquad ②$$

$$z \geqslant \frac{b}{c} \cdot p + \frac{a}{c} \cdot q \tag{③}$$

将 ①②③ 相加得

$$x+y+z \geqslant p\left(\frac{c}{b}+\frac{b}{c}\right)+q\left(\frac{c}{a}+\frac{a}{c}\right)+r\left(\frac{b}{a}+\frac{a}{b}\right) \geqslant 2(p+q+r)$$

下面介绍的对称点法已被多人注意到，我们这里采用的是邹明先生的证明，这个证明写的简洁易懂.

证法3　如图3，作点 P 关于 $\angle A$ 平分线的对称点 P'，则易知 P' 到 CA，AB 的距离分别为 r，q，且 $P'A = PA = x$.

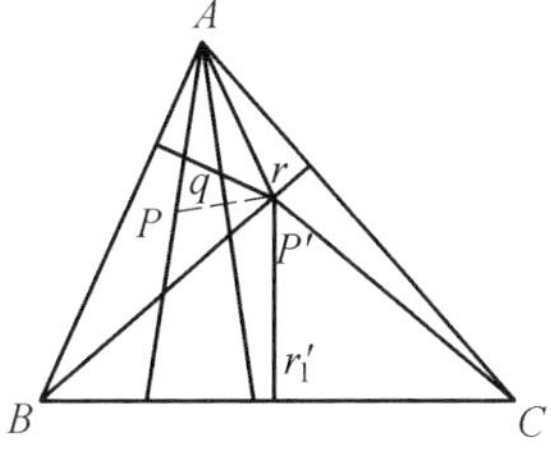

图 3

设 A，P' 到 BC 的距离分别为 h_1，r'_1，则

$$P'A + r'_1 = PA + r'_1 \geqslant h_1$$

两端乘 a 可得

$$a \cdot PA + ar'_1 \geqslant ah_1 = 2S_{\triangle ABC} = ar'_1 + cq + br$$

因此

$$x \geqslant \frac{c}{a} \cdot q + \frac{b}{a} \cdot r$$

同理

$$y \geqslant \frac{a}{b} \cdot r + \frac{c}{b} \cdot p$$

$$z \geqslant \frac{a}{c} \cdot q + \frac{b}{c} \cdot p$$

将这三个不等式相加可得

$$x+y+z=$$
$$\left(\frac{c}{b}+\frac{b}{c}\right)p+\left(\frac{c}{a}+\frac{a}{c}\right)q+\left(\frac{b}{a}+\frac{a}{b}\right)r \geqslant$$
$$2(p+q+r)$$

下面的证法 4 很早也被注意到，它的要点是将三角形的高转化为内角平分线来处理，并运用嵌入不等式.

证法 4　如图 4，设 $\angle BPC=2\alpha$，$\angle CPA=2\beta$，$\angle APB=2\gamma$，设它们的内角平分线长分别是 w_a，w_b，w_c，则我们只需证明更强的不等式

$$x+y+z \geqslant 2(w_a+w_b+w_c) \qquad ⑤$$

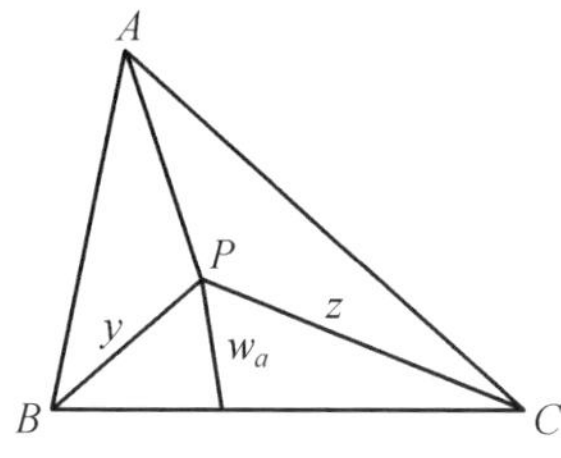

图 4

事实上，注意到内角平分线公式有

$$w_a=\frac{2yz}{y+z}\cos\frac{1}{2}\angle BPC \leqslant \sqrt{yz}\cos\alpha$$

同理

$$w_b \leqslant \sqrt{xz}\cos\beta$$
$$w_c \leqslant \sqrt{xy}\cos\gamma$$

因为 $\alpha+\beta+\gamma=\pi$，所以由嵌入不等式可得

$$2(w_a+w_b+w_c)\leqslant$$
$$2(\sqrt{yz}\cos\alpha+\sqrt{xz}\cos\beta+\sqrt{xy}\cos\gamma)\leqslant$$
$$x+y+z$$

证毕.

下面的证明是通过深圳中学现高二学生康嘉引同学(2003 年曾入选国家集训队)得知.

证法 5　如图 5,过 D,E 作 $DT_1\perp FP$ 于 T_1,$ET_2\perp FP$ 于 T_2. 由

$$DE\geqslant DT_1+ET_2$$
$$DT_1=p\sin\angle ABC$$
$$ET_2=q\sin\angle BAC$$

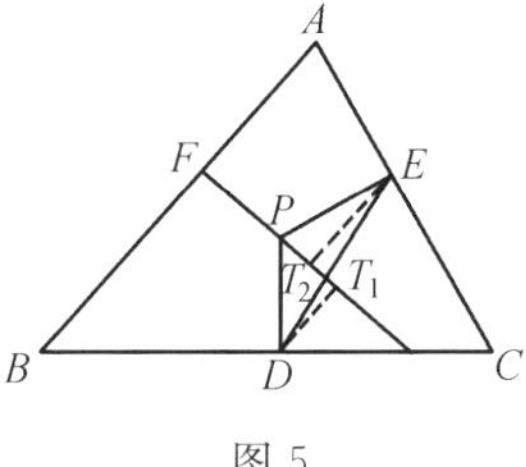

图 5

可得

$$z=\frac{DE}{\sin\angle ACB}\geqslant\frac{p\sin\angle ABC+q\sin\angle BAC}{\sin\angle ACB}=$$
$$p\frac{\sin\angle ABC}{\sin\angle ACB}+q\frac{\sin\angle BAC}{\sin\angle ACB}$$

因此

$$x+y+z=PA+PB+PC\geqslant$$
$$\left(p\frac{\sin\angle ABC}{\sin\angle ACB}+q\frac{\sin\angle BAC}{\sin\angle ACB}\right)+$$
$$\left(q\frac{\sin\angle ACB}{\sin\angle BAC}+r\frac{\sin\angle ABC}{\sin\angle BAC}\right)+$$

$$\left(r\frac{\sin\angle BAC}{\sin\angle ABC}+p\frac{\sin\angle ACB}{\sin\angle ABC}\right)=$$
$$p\left(\frac{\sin\angle ABC}{\sin\angle ACB}+\frac{\sin\angle ACB}{\sin\angle ABC}\right)+$$
$$q\left(\frac{\sin\angle BAC}{\sin\angle ACB}+\frac{\sin\angle ACB}{\sin\angle BAC}\right)+$$
$$r\left(\frac{\sin\angle ABC}{\sin\angle BAC}+\frac{\sin\angle BAC}{\sin\angle ABC}\right)\geqslant$$
$$2(p+q+r)$$

证毕.

注　关于 Erdös-Mordell 不等式的研究已有众多成果，其中平面上的推广较为简单，很早由 N. Ozeki 和 H. Vigler 完成，后又被其他人多次重新发现. Erdös-Mordell 不等式在空间，特别是 n 维空间的推广是一个困难的问题，到目前为止还未得到理想的结果.

第四章 Erdös-Mordell 不等式的证明

命题 设 P 是 $\triangle ABC$ 内任意一点，P 到边 BC，CA，AB 的距离分别为 PD，PE，PF. 求证

$$PA+PB+PC\geqslant 2(PD+PE+PF) \quad ①$$

上式称为 Erdös-Mordell 不等式.《几何不等式》一书中收录了五种证法，现介绍一种新证法.

证明 设 $BC=a$，$CA=b$，$AB=c$，记 R，r 分别表示 $\triangle ABC$ 的外接圆半径与内切圆半径，h_a，h_b，h_c 分别是边 BC，CA，AB 上的高线. 设 $x=\frac{PD}{h_a}$，$y=\frac{PE}{h_b}$，$z=\frac{PF}{h_c}$，则

$$\frac{PD}{h_a}+\frac{PE}{h_b}+\frac{PF}{h_c}=1\Leftrightarrow x+y+z=1$$

$$bcx=2R\cdot PD$$

$$cay=2R\cdot PE$$

$$abz=2R\cdot PF$$

在圆 $PEAF$ 和 $\triangle PEF$ 中,PA 为圆 $PEAF$ 的直径,由余弦定理和正弦定理得

$$PA^2=\frac{EF^2}{\sin^2 A}=\frac{PE^2+PF^2+2PE\cdot PF\cos\angle BAC}{\sin^2 A}=$$
$$c^2y^2+b^2z^2+(b^2+c^2-a^2)yz$$

同理

$$PB^2=a^2z^2+c^2x^2+(c^2+a^2-b^2)zx$$
$$PC^2=b^2x^2+a^2y^2+(a^2+b^2-c^2)xy$$

在 $\triangle BDP$,$\triangle CDP$ 中有

$$PB=\sqrt{BD^2+PD^2},PC=\sqrt{CD^2+PD^2}$$

根据 Cauchy 不等式得

$$(PB+PC)^2=$$
$$BD^2+PD^2+CD^2+PD^2+$$
$$2\sqrt{(BD^2+PD^2)(CD^2+PD^2)}\geqslant$$
$$BD^2+CD^2+2PD^2+2BD\cdot CD+2PD^2=$$
$$(BD+CD)^2+4PD^2=a^2+4PD^2$$

同理可得

$$(PC+PA)^2\geqslant b^2+4PE^2$$
$$(PA+PB)^2\geqslant c^2+4PF^2$$

上述三式相加,整理得

$$(PA+PB+PC)^2\geqslant$$
$$a^2+b^2+c^2+4(PD^2+PE^2+PF^2)-$$
$$(PA^2+PB^2+PC^2)$$

据此,只需证

$$a^2+b^2+c^2+4(PD^2+PE^2+PF^2)-$$
$$(PA^2+PB^2+PC^2)\geqslant$$
$$4(PD+PE+PF)^2$$

整理得

$$a^2+b^2+c^2\geqslant$$
$$PA^2+PB^2+PC^2+8(PE\cdot PF+PF\cdot PD+PD\cdot PE)\qquad ②$$

因为 $R\geqslant 2r$,下证更强式

$$a^2+b^2+c^2\geqslant$$
$$PA^2+PB^2+PC^2+\frac{4R}{r}(PE\cdot PF+PF\cdot PD+PD\cdot PE)\qquad ③$$

由三角形恒等式 $2Rr=\dfrac{abc}{a+b+c}$,由式 ③ 置换整理得

$$\begin{aligned}&a^2x^2+b^2y^2+c^2z^2\geqslant\\&(2ca+2ab-a^2-b^2-c^2)yz+\\&(2ab+2bc-a^2-b^2-c^2)zx+\\&(2bc+2ca-a^2-b^2-c^2)xy\end{aligned}$$

上式等价于

$$(ax+by+cz)^2\geqslant$$
$$(2bc+2ca+2ab-a^2-b^2-c^2)(yz+zx+xy)\qquad ④$$

记 $2s=a+b+c$,则

$$a=s-b+s-c,b=s-c+s-a,c=s-a+s-b$$

及恒等式

$$\frac{1}{4}(2bc+2ca+2ab-a^2-b^2-c^2)=r(4R+r)=$$
$$(s-b)(s-c)+(s-c)(s-a)+(s-a)(s-b)$$

据 Cauchy 不等式,得

$$(s-a+s-b+s-c)(x+y+z)=$$
$$\sqrt{(s-a+s-b+s-c)^2(x+y+z)^2}=$$
$$\sqrt{[(s-a)^2+(s-b)^2+(s-c)^2+2r(4R+r)][x^2+y^2+z^2+2(yz+zx+xy)]}\geqslant$$
$$(s-a)x+(s-b)y+(s-c)z+$$

$$2\sqrt{r(4R+r)(yz+zx+xy)}$$

上式整理为

$$ax+by+cz\geqslant$$

$$\sqrt{(2bc+2ca+2ab-a^2-b^2-c^2)(yz+zx+xy)}$$

上式两边平方即为不等式 ④. 故命题得证.

第五章 Erdös-Mordell 不等式的若干简证集锦①

Erdös-Mordell 不等式是著名数学家 Erdös 于 1935 年在《美国数学月刊》问题栏提出的征解问题 3740[1]，并于 1937 年该刊发表了 Mordell 及 Barrow 的两个解答[2]. 从此后，该 Erdös-Mordell 不等式便闻名于世. 时间虽已过去 80 余年，但仍有许多数学爱好者不断发表该不等式的有关证明及相关研究. “许康华竞赛优学”公众号前几日发表了褚小光老师的一个证明后，也有一些读者发来该不等式的一些简洁证明. 这些读者的精神可嘉，但可惜的是，这些证法多是在重复前人的工作. 为了便于读者了解该不等式已有的简洁证明，笔者初步整理了一些已见过的证法(毋庸置疑，肯定不全). 选择的标准以初等、

① 由徐州的赵力老师整理.

简洁、巧思为主,故一些计算量较大、使用较高级技术的证明未被收入此章,请有关作者谅解.

为了便于读者理解及行文方便,首先把 Erdös-Mordell 不等式及本章中常用的一些量的表示说明一下.

Erdös-Mordell 不等式 设 P 为 $\triangle ABC$ 内任意一点,过 P 作三边 BC,CA,AB 的垂线,垂足分别为 D, E,F. 则以下不等式成立

$$PA+PB+PC\geqslant 2(PD+PE+PF)$$

我们约定 $\triangle ABC$ 的三边为 $BC=a,CA=b,AB=c$;三内角为 $\angle A,\angle B,\angle C$;$PA=x,PB=y,PC=z$;$PD=p,PE=q,PF=r$;边 BC 上的高为 h_a;角平分线为 t_a;$S_{\triangle XYZ}$ 表示 $\triangle XYZ$ 的面积. 则上述不等式可以表示为

$$x+y+z\geqslant 2(p+q+r)$$

证法 1,2 通过直接计算有关线段的长度进行解答.

证法 1(L. J. Mordell)[2-3] 这是最早发表的证明,也正因此,Mordell 与 Erdös 的名字合在一起,成为该不等式的代名词.

如图 1,因 A,F,P,E 四点共圆,且以 PA 为直径,所以 $FE=x\cdot\sin\angle BAC$.

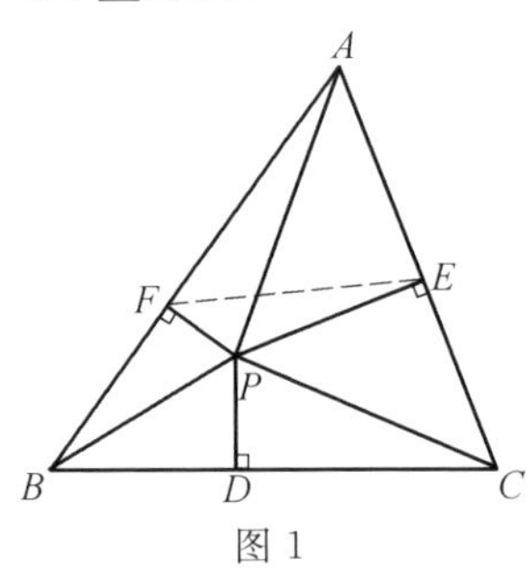

图 1

在 $\triangle FPE$ 中应用余弦定理

$$\begin{aligned}FE^2 = & q^2+r^2-2qr\cdot\cos(180^\circ-\angle BAC)= \\ & q^2+r^2-2qr\cdot\cos(\angle ABC+\angle ACB)= \\ & q^2(\sin^2\angle ACB+\cos^2\angle ACB)+ \\ & r^2(\sin^2\angle ABC+\cos^2\angle ABC)- \\ & 2qr(\cos\angle ABC\cdot\cos\angle ACB- \\ & \sin\angle ABC\cdot\sin\angle ACB)= \\ & (r\cdot\sin\angle ABC+q\cdot\sin\angle ACB)^2+ \\ & (r\cdot\cos\angle ABC-q\cdot\cos\angle ACB)^2\geqslant \\ & (r\cdot\sin\angle ABC+q\cdot\sin\angle ACB)^2\end{aligned}$$

故

$$x=\frac{FE}{\sin\angle BAC}\geqslant\frac{\sin\angle ABC}{\sin\angle BAC}\cdot r+\frac{\sin\angle ACB}{\sin\angle BAC}\cdot q=$$

$$\frac{b}{a}\cdot r+\frac{c}{a}\cdot q \qquad ①$$

同理,有

$$y\geqslant\frac{c}{b}\cdot p+\frac{a}{b}\cdot r \qquad ②$$

$$z\geqslant\frac{a}{c}\cdot q+\frac{b}{c}\cdot p \qquad ③$$

三式相加,即得

$$\begin{aligned}& x+y+z\geqslant \\ & \left(\frac{c}{b}+\frac{b}{c}\right)p+\left(\frac{a}{c}+\frac{c}{a}\right)q+\left(\frac{b}{a}+\frac{a}{b}\right)r\geqslant \\ & 2(p+q+r)\end{aligned}$$

注　Erdös-Mordell 不等式的证明,均是得到上述三个局部不等式后,相加并利用算术 — 几何均值不等式得到最后结论.因此,为了避免重复,以下多数证明在得到式 ① 后就不再继续,认为已经完成证明.

附 1　若我们在 ①②③ 前面分别乘以一个正实

数系数 k_1,k_2,k_3，再相加并使用算术－几何均值不等式，就可以得到 Erdös-Mordell 不等式的一个加权形式的推广[4]

$$k_1x+k_2y+k_3z\geqslant 2(\sqrt{k_2k_3}\,p+\sqrt{k_3k_1}\,q+\sqrt{k_1k_2}\,r)$$

当 $k_1=k_2=k_3$ 时，上式就是 Erdös-Mordell 不等式.

附 2　设 $i=1,2$，令 P_i 为 $\triangle ABC$ 内部的点，P_i 到顶点 A,B,C 的距离分别为 x_i,y_i,z_i，P_i 到三边 BC，CA，AB 的距离分别为 p_i,q_i,r_i. 将 ① 的结果分别用于 P_1,P_2，有

$$x_1\geqslant\frac{b}{a}r_1+\frac{c}{a}q_1,\ x_2\geqslant\frac{b}{a}r_2+\frac{c}{a}q_2$$

由 Cauchy 不等式，可得

$$x_1\cdot x_2\geqslant\left(\frac{b}{a}r_1+\frac{c}{a}q_1\right)\left(\frac{b}{a}r_2+\frac{c}{a}q_2\right)\geqslant\left(\frac{b}{a}\sqrt{r_1r_2}+\frac{c}{a}\sqrt{q_1q_2}\right)^2$$

即

$$\sqrt{x_1x_2}\geqslant\frac{b}{a}\sqrt{r_1r_2}+\frac{c}{a}\sqrt{q_1q_2}$$

类似的，有

$$\sqrt{y_1y_2}\geqslant\frac{c}{b}\sqrt{p_1p_2}+\frac{a}{b}\sqrt{r_1r_2}$$

$$\sqrt{z_1z_2}\geqslant\frac{a}{c}\sqrt{q_1q_2}+\frac{b}{c}\sqrt{p_1p_2}$$

运用算术－几何均值不等式，又可以得到 Erdös-Mordell 不等式在三角形内部有两点时的一个推广[5]

$$\sqrt{x_1x_2}+\sqrt{y_1y_2}+\sqrt{z_1z_2}\geqslant 2(\sqrt{p_1p_2}+\sqrt{q_1q_2}+\sqrt{r_1r_2})$$

当 P_1 与 P_2 重合时，上式即成为 Erdös-Mordell 不等式.

其实，在参考资料[5]中，Klamkin 利用 Hölder 不等式直接证明了在三角形内部有 n 个点时的相应不等式

$$\left(\prod_{i=1}^{n} x_i\right)^{\frac{1}{n}} + \left(\prod_{i=1}^{n} y_i\right)^{\frac{1}{n}} + \left(\prod_{i=1}^{n} z_i\right)^{\frac{1}{n}} \geqslant$$

$$2\left(\left(\prod_{i=1}^{n} p_i\right)^{\frac{1}{n}} + \left(\prod_{i=1}^{n} q_i\right)^{\frac{1}{n}} + \left(\prod_{i=1}^{n} r_i\right)^{\frac{1}{n}}\right)$$

证法 2（康嘉引）[3]　如图 2，作 $ET_1 \perp PD$，$FT_2 \perp PD$. 则由圆内接四边形的性质，$\angle EPT_1 = \angle ACB$，$\angle FPT_2 = \angle ABC$. 则

$$x \cdot \sin \angle BAC = EF \geqslant FT_2 + ET_1 = r \cdot \sin \angle ABC + q \cdot \sin \angle ACB$$

$$x \geqslant \frac{\sin \angle ABC}{\sin \angle BAC} r + \frac{\sin \angle ACB}{\sin \angle BAC} q = \frac{b}{a} r + \frac{c}{a} q$$

以下略.

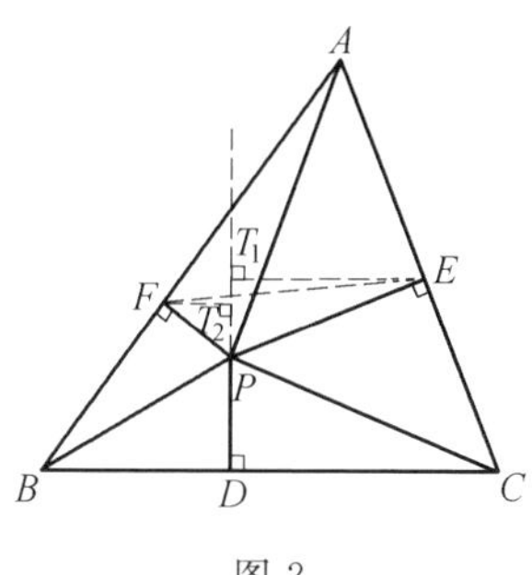

图 2

以下的证法 3，4 主要利用相似三角形，为创建局部不等式搭建桥梁.

证法 3（L. Bankoff）[6]　如图 3，设 FE 在边 BC 上的投影为 D_1D_2.

注意到，$D_1D+D_2D=D_1D_2\leqslant FE$，即

$$\frac{D_1D}{FE}+\frac{D_2D}{FE}\leqslant 1$$

因 B,F,P,D 四点共圆，有 $\angle FPB=\angle FDB$，故

$$\mathrm{Rt}\triangle D_1DF\backsim \mathrm{Rt}\triangle FPB,\frac{D_1D}{FP}=\frac{DF}{PB}$$

所以

$$\frac{D_1D}{FE}=\frac{DF\cdot FP}{FE\cdot PB}=\frac{y\cdot \sin B\cdot r}{x\cdot \sin A\cdot y}=\frac{b\cdot r}{a\cdot x}$$

类似的

$$\frac{D_2D}{FE}=\frac{c\cdot q}{a\cdot x}$$

故$\frac{b\cdot r}{a\cdot x}+\frac{c\cdot q}{a\cdot x}\leqslant 1$，即

$$x\geqslant \frac{b}{a}\cdot r+\frac{c}{a}\cdot q$$

以下略.

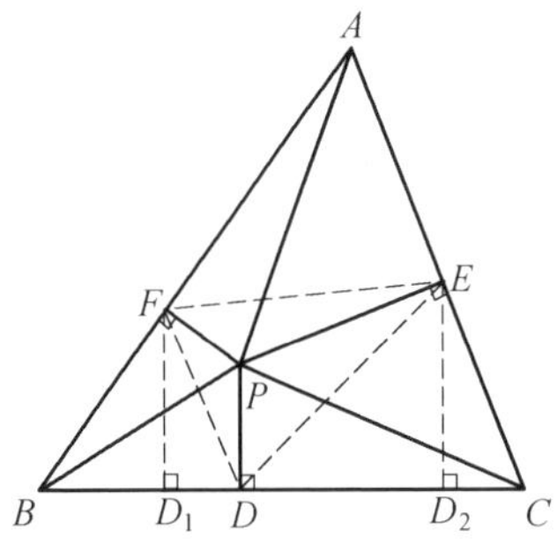

图 3

证法 4(C. Alsina)[7]　如图 4，以 AC 为斜边，向 $\triangle ABC$ 外作$\mathrm{Rt}\triangle AGC\backsim \mathrm{Rt}\triangle FPA$，则

$$\frac{AG}{PF}=\frac{AC}{PA},AG=\frac{r}{x}\cdot b$$

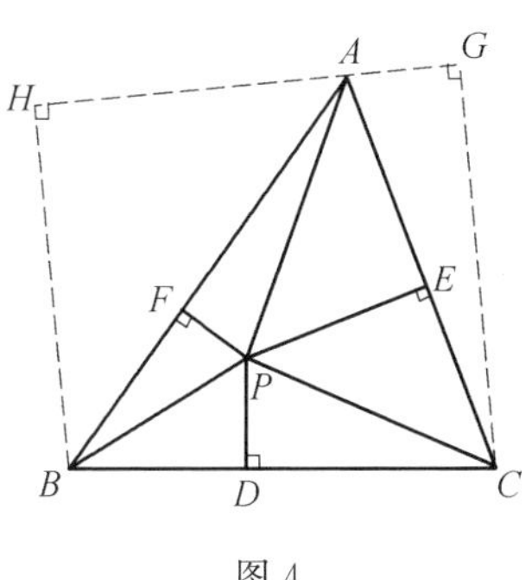

图 4

以 AB 为斜边，向 $\triangle ABC$ 外作 $\mathrm{Rt}\triangle AHB \backsim \mathrm{Rt}\triangle PEA$，则

$$\frac{AH}{PE}=\frac{AB}{PA}, AH=\frac{q}{x}\cdot c$$

而

$$\angle GAC+\angle HAB=\angle FPA+\angle EPA=\angle EPF=180^\circ-\angle BAC$$

故 G,A,H 三点共线.

从而，$a=BC\geqslant AG+AH=\frac{r}{x}\cdot b+\frac{q}{x}\cdot c$，即

$$x\geqslant\frac{b}{a}\cdot r+\frac{c}{a}\cdot q$$

以下略.

接下来的证法 5 ~ 8 均是以面积为中介来建立不等式，它们之间既有区别，又有联系，值得细细品味.

证法 5(V. Komornik)[3,8]　如图 5，作 P 关于 $\angle A$ 平分线的对称点 P'，则

$$P'A=PA=x, P'E'=PF=r, P'F'=PE=q$$

设 P' 到 BC 的距离为 $P'D'=p'$. 则

$$PA+P'D'=P'A+P'D'\geqslant h_a$$

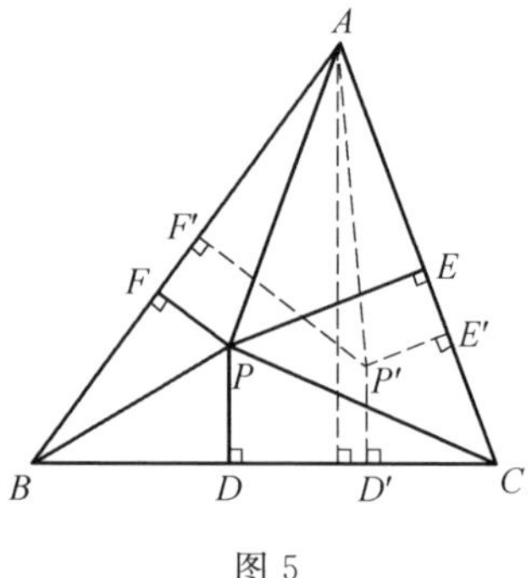

图 5

即

$$a\cdot x+a\cdot p'\geqslant a\cdot h_a=2S_{\triangle ABC}=a\cdot p'+b\cdot r+c\cdot q$$

两边约去 $a\cdot p'$,并除以 a,立得

$$x\geqslant \frac{b}{a}\cdot r+\frac{c}{a}\cdot q$$

以下略.

证法 6(张景中)[3] 如图 6,过点 P 作直线 MN,分别交 AB,AC 于 M,N,且满足 $\angle AMN=\angle ACB$.则

$$\triangle AMN\backsim\triangle ACB,\frac{AN}{MN}=\frac{c}{a},\frac{AM}{MN}=\frac{b}{a}$$

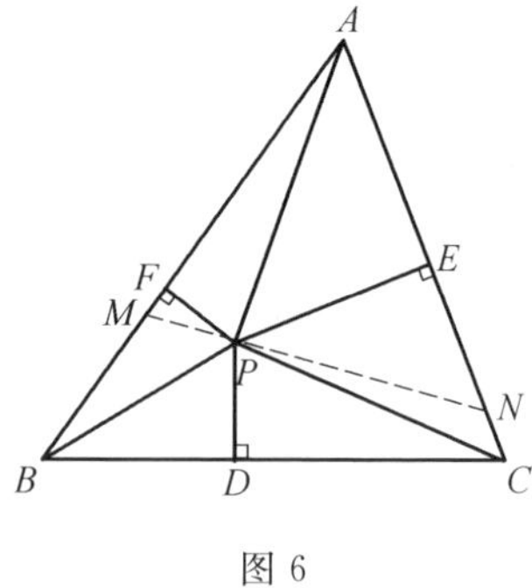

图 6

由 $S_{\triangle AMN}=S_{\triangle AMP}+S_{\triangle ANP}$，知

$$PA\cdot MN\geqslant AM\cdot PF+AN\cdot PE$$

即

$$x\geqslant\frac{AM}{MN}\cdot r+\frac{AN}{MN}\cdot q=\frac{b}{a}\cdot r+\frac{c}{a}\cdot q$$

以下略.

证法 7[9]　如图 7，以 $\angle BAC$ 的内角平分线为对称轴，作 B,C 的对称点 B',C'，联结 $B'C',PB',PC'$.

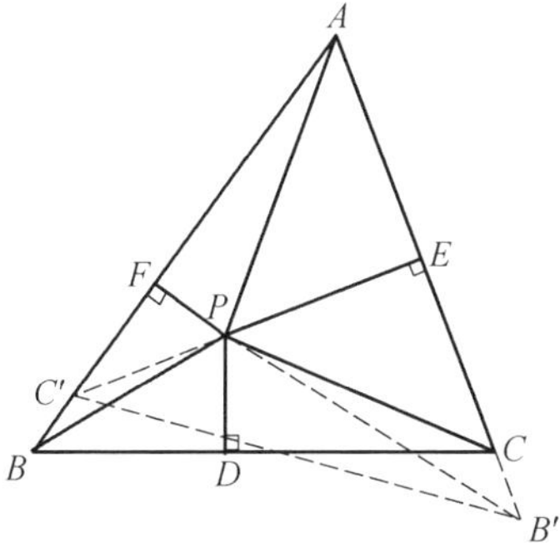

图 7

在 $\triangle AB'C'$ 中

$$S_{\triangle AB'P}+S_{\triangle AC'P}\leqslant\frac{PA\cdot B'C'}{2}$$

而 $\triangle ABC\cong\triangle AB'C'$，故上式等价于 $c\cdot q+b\cdot r\leqslant x\cdot a$，即

$$x\geqslant\frac{b}{a}\cdot r+\frac{c}{a}\cdot q$$

以下略.

证法 8[10]　如图 8，对分别在射线 AB,AC 上的任意点 L,M，可作平行四边形 $LAPS,MAPT$，则易知 $LMTS$ 也为平行四边形，且有 $S_{\square LAPS}+S_{\square MAPT}=$

$S_{\square LMTS}$，即

$$LA \cdot PF + MA \cdot PE \leqslant LM \cdot PA$$

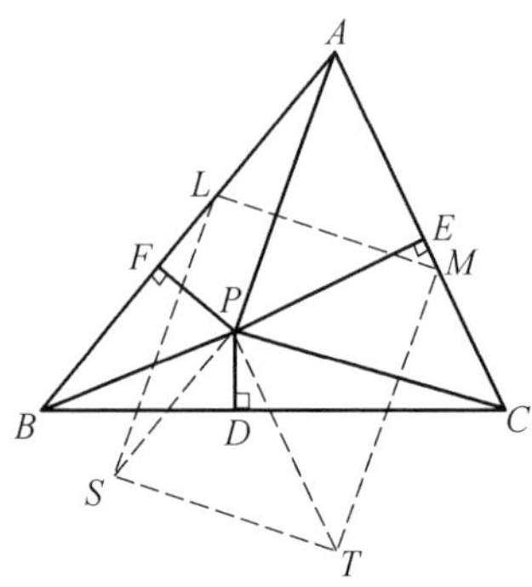

图 8

我们可以选取 L, M，使得 $AM = k \cdot AB, AL = k \cdot AC, k > 0$，则 $\triangle ALM \backsim \triangle ACB, LM = k \cdot BC$.

则上述不等式成为

$$k \cdot b \cdot r + k \cdot c \cdot q \leqslant k \cdot a \cdot x$$

即

$$x \geqslant \frac{b}{a} \cdot r + \frac{c}{a} \cdot q$$

以下略.

注 上述三角形三边上三个平行四边形间的面积关系 $S_{\square LAPS} + S_{\square MAPT} = S_{\square LMTS}$，称为 Pappus 定理，是勾股定理的推广.

接下来的证法 9 ～ 13，Ptolemy 定理成了主角，在创建局部不等式的过程中发挥了重要作用.

证明 9(曹嘉兴)[11] 如图 9，易知 A, F, P, E 四点共圆，且以 AP 为直径.

作 $\angle FPG = \angle ACB$，交上述圆于点 G. 由圆内接四边形的性质，有 $\angle EPG = \angle ABC$.

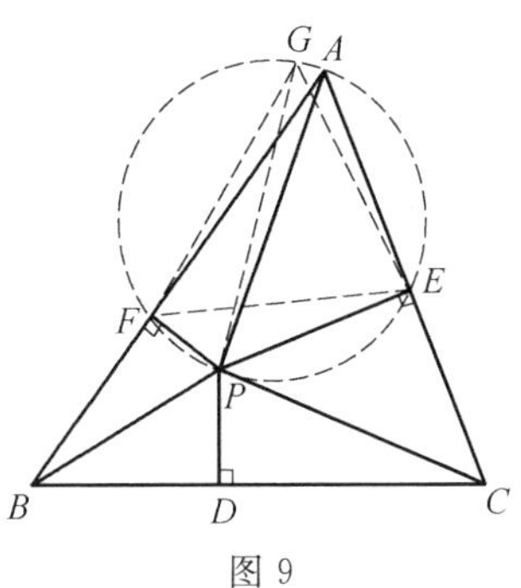

图 9

由正弦定理

$$EF = x \cdot \sin \angle BAC, FG = x \cdot \sin \angle ACB$$
$$EG = x \cdot \sin \angle ABC$$

由 Ptolemy 定理

$$PG \cdot EF = PF \cdot EG + PE \cdot FG$$

即

$$PG \cdot x \cdot \sin \angle BAC = r \cdot x \cdot \sin \angle ABC + q \cdot x \cdot \sin \angle ACB$$

故

$$PG = \frac{\sin \angle ABC}{\sin \angle BAC} \cdot r + \frac{\sin \angle ACB}{\sin \angle BAC} \cdot q = \frac{b}{a} \cdot r + \frac{c}{a} \cdot q$$

而 $x = PA \geqslant PG$，故

$$x \geqslant \frac{b}{a} \cdot r + \frac{c}{a} \cdot q$$

以下略.

证法 10(曹嘉兴)[11]　如图 10，作射线 PM，PN，使得 $\angle APM = \angle ACB$，$\angle APN = \angle ABC$，分别交 AB，AC 于 M，N，联结 MN.

则易知 A，M，P，N 四点共圆.

由 $\angle AMN = \angle APN = \angle ABC$，故 $MN /\!/ BC$. 于是

$$\frac{AN}{MN} = \frac{b}{a}, \frac{AM}{MN} = \frac{c}{a}, PM \geqslant r, PN \geqslant q$$

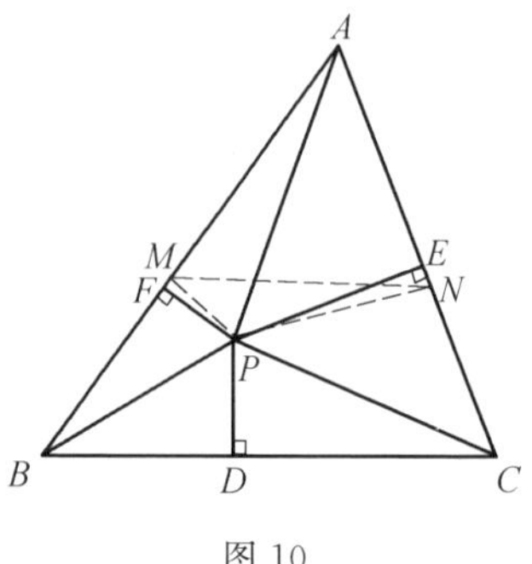

图 10

由 Ptolemy 定理

$$PA \cdot MN = PM \cdot AN + PN \cdot AM$$

即

$$x = \frac{AN}{MN} \cdot PM + \frac{AM}{MN} \cdot PN \geqslant \frac{b}{a} \cdot r + \frac{c}{a} \cdot q$$

以下略.

证明 11(Lee Hojoo)[12] 在韩国,Lee Hojoo 的名字如雷贯耳,不用多介绍了.

如图 11,设 HG 为 BC 在直线 FE 上的垂直投影.

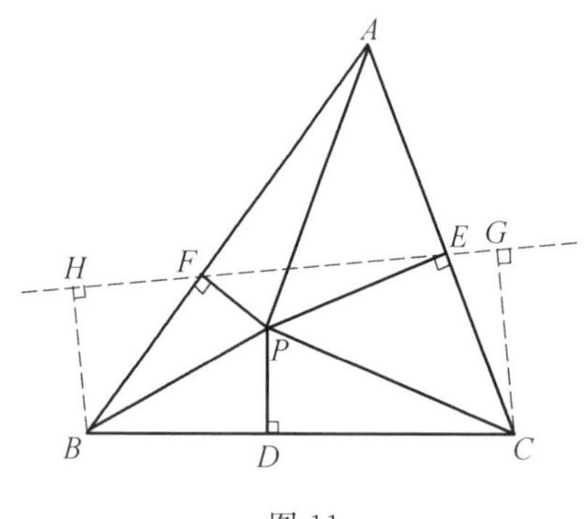

图 11

A,F,P,E 四点共圆,故 $\angle BFH = \angle AFE =$

$\angle APE$,故

$$\text{Rt}\triangle BFH \backsim \text{Rt}\triangle APE, HF=\frac{PE}{PA}\cdot BF=\frac{q}{x}\cdot BF$$

同理

$$EG=\frac{PF}{PA}\cdot CE=\frac{r}{x}\cdot CE$$

由 Ptolemy 定理

$$PA\cdot FE=AF\cdot PE+AE\cdot PF$$

故

$$FE=\frac{q}{x}\cdot AF+\frac{r}{x}\cdot AE$$

而

$$a=BC\geqslant HG=HF+FE+EG=$$
$$\frac{q}{x}\cdot BF+\frac{q}{x}\cdot AF+\frac{r}{x}\cdot AE+\frac{r}{x}\cdot CE=$$
$$\frac{q}{x}\cdot c+\frac{r}{x}\cdot b$$

故

$$x\geqslant\frac{b}{a}\cdot r+\frac{c}{a}\cdot q$$

以下略.

证法 12(A. Avez)[13] 如图 12,设 $\triangle ABC$ 的外接圆为圆 O. AP 交圆 O 于 A',$A'O$ 交圆 O 于 A'',$A'A''$ 为圆 O 的直径,$A'A''\geqslant AA'$.

由 $\triangle APE\backsim\triangle A''A'C$,有

$$\frac{AP}{A'A''}=\frac{PE}{A'C}, A'C=\frac{q}{x}\cdot A'A''$$

由 $\triangle APF\backsim\triangle A''A'B$,有

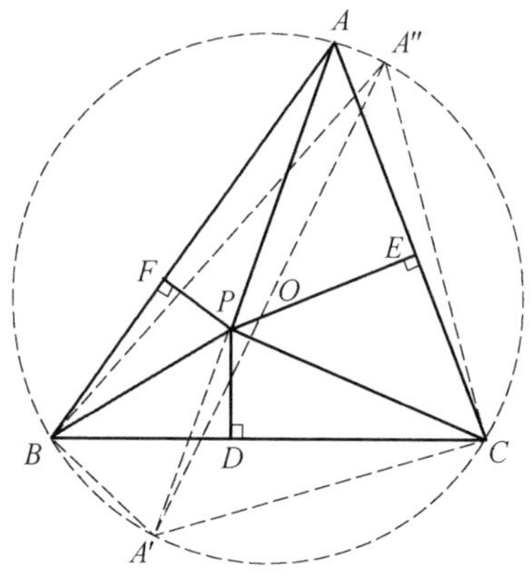

图 12

$$\frac{AP}{A'A''}=\frac{PF}{A'B},A'B=\frac{r}{x}\cdot A'A''$$

对四边形 $ABA'C$ 应用Ptolemy定理,有 $AA'\cdot a=A'C\cdot c+A'B\cdot b$,故

$$1\geqslant\frac{AA'}{A'A''}=\frac{q}{x}\cdot\frac{c}{a}+\frac{r}{x}\cdot\frac{b}{a}$$

即

$$x\geqslant\frac{b}{a}\cdot r+\frac{c}{a}\cdot q$$

以下略.

证法 13(T. O. Dao)[14] 如图 13,过顶点 A 作 $\triangle ABC$ 外接圆 O 的切线,设 H 为 P 在这条切线上的垂直投影,联结 HF,HE,HP,EF. 由

$$\angle AFP=\angle AEP=\angle AHP=90^{\circ}$$

故 A,E,P,F,H 五点共圆,且以 AP 为直径,于是

$$\angle HEF=\angle HPF=\angle HAF=\angle ACB$$

同理,$\angle HFE=\angle ABC$.

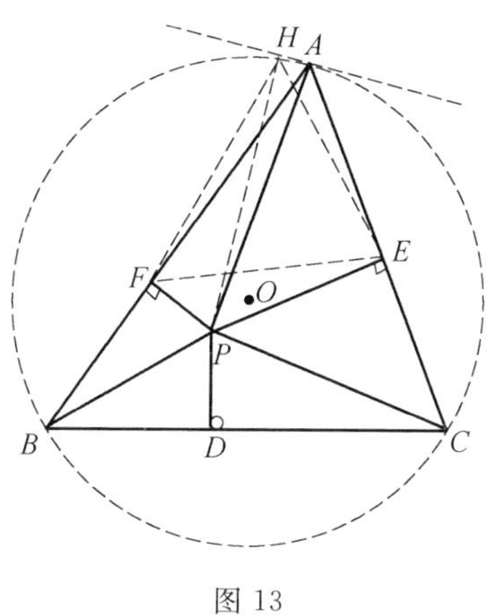

图 13

由 Ptolemy 定理

$$PH \cdot EF = PF \cdot HE + PE \cdot HF$$

$$x = PA \geqslant PH = \frac{HE}{EF} \cdot r + \frac{HF}{EF} \cdot q =$$

$$\frac{\sin \angle HFE}{\sin \angle EHF} \cdot r + \frac{\sin \angle HEF}{\sin \angle EHF} \cdot q =$$

$$\frac{\sin \angle ABC}{\sin \angle BAC} \cdot r + \frac{\sin \angle ACB}{\sin \angle BAC} \cdot q =$$

$$\frac{b}{a} \cdot r + \frac{c}{a} \cdot q$$

以下略.

最后我们介绍证法 14,15,从这两个证法出发,可以从不同角度将原命题进行推广.

证法 14[15]　这个证明巧妙地应用了 IMO 1996－5 的结论,即下述问题:

设 $ABCDEF$ 为凸六边形,且 $AB \parallel ED$,$BC \parallel FE$,$CD \parallel AF$. 又设 R_A,R_C,R_E 分别表示 $\triangle FAB$,

$\triangle BCD$，$\triangle DEF$ 的外接圆半径，p 表示六边 $ABCDEF$ 的周长. 证明

$$R_A + R_C + R_E \geqslant \frac{p}{2}$$

如图 14，作平行四边形 $FPEI$，$DPFG$，$EPDH$. 则 $FI \parallel PE \parallel DH$，$GF \parallel DP \parallel HE$，$DG \parallel PF \parallel IE$，故六边形 $FGDHEI$ 满足 IMO 1996－5 的图形特征.

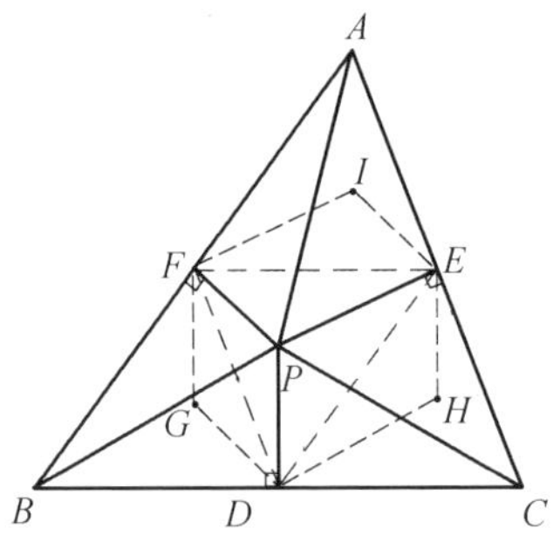

图 14

因 $PD \perp BC$，$PE \perp CA$，$PF \perp AB$，易知 $\triangle EIF$，$\triangle FGD$，$\triangle DHE$ 的外接圆直径分别就是 PA，PB，PC.

由平行四边形的性质，有 $FI = PE = DH$，$GF = DP = HE$，$DG = PF = IE$，故六边形 $FGDHEI$ 的周长恰为 $2(PD + PE + PF)$.

利用 IMO 1996－5，立得

$$PA + PB + PC \geqslant 2(PD + PE + PF)$$

注　IMO 1996－5 的证明，在任何一本 IMO 试题集里都可以找到，这里就不重复了.

附　证法 14 的推广　通过构造一般性的类似图形，可以证明 Erdös-Mordell 不等式如下的一个推广形式[16].

在 $\triangle ABC$ 的边 BC，CA，AB 上分别取点 D，E，F，作 $DQ\perp BC$，$ER\perp CA$，$FP\perp AB$. 这三条垂线两两相交，围成一个 $\triangle PQR$（有可能退化为一点），则

$$PA+QB+RC\geqslant PE+PF+QF+QD+RD+RE$$

如图 15，与证法 14 类似，分别作平行四边形 $FUEP$，$ETDR$，$DSFQ$. 易看出，$FS\mathbin{/\!/}TE$，$SD\mathbin{/\!/}EU$，$DT\mathbin{/\!/}UF$，故凸六边形 $FSDTEU$ 也满足 IMO 1996－5 的条件.

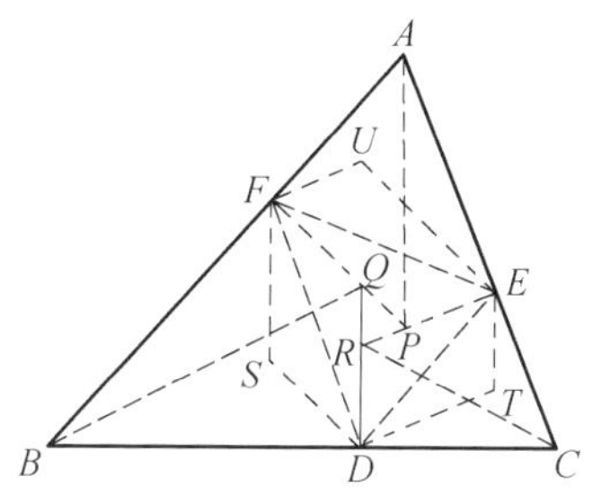

图 15

而 $\triangle FUE$，$\triangle DSF$，$\triangle ETD$ 的外接圆半径分别就是 $\frac{PA}{2}$，$\frac{QB}{2}$，$\frac{RC}{2}$. 六边形 $FSDTEU$ 的周长就是 $PE+PF+QF+QD+RD+RE$. 根据 IMO 1996－5 的结论，立刻就可以得到欲证结论.

很明显，这个结论是 Erdös-Mordell 不等式的推广，因为只要 P，Q，R 三点重合，上述不等式就恰好为 Erdös-Mordell 不等式.

证法 15[2-3]　如图 16，作 $\angle BPC$，$\angle CPA$，$\angle APB$ 的平分线，分别交 BC，CA，AB 于点 D'，E'，F'.

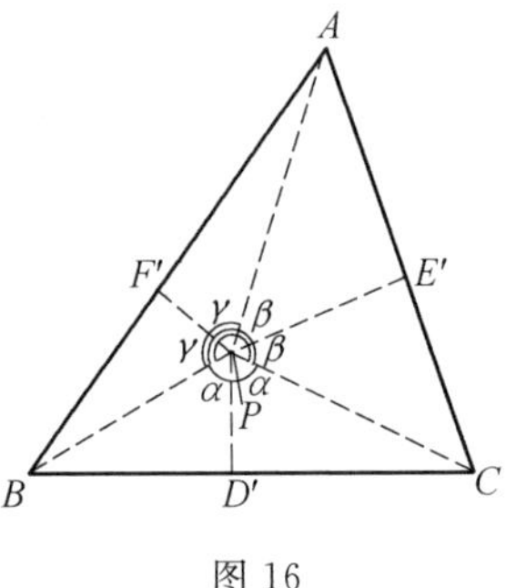

图 16

因为点到直线的距离以垂线段为最短，所以，如果证明了

$$x+y+z \geqslant 2(PD'+PE'+PF')$$

自然就有 $x+y+z \geqslant 2(p+q+r)$ 成立.

这个思路来源于参考资料[2]的 D. F. Barrow，因此，也称其为 Barrow 不等式，但最初的证明应用了三个引理，计算量较大，后来借助嵌入不等式，大大简化了证明. 下面就介绍参考资料[3]里的证法，标记各角如图 16.

由角平分线长公式，在 $\triangle BPC$ 中，有

$$PD'=\frac{2yz}{y+z}\cos\alpha \leqslant \sqrt{yz}\cos\alpha$$

同理

$$PE' \leqslant \sqrt{zx}\cos\beta, PF' \leqslant \sqrt{xy}\cos\gamma$$

由嵌入不等式，即得

$$2(PD'+PE'+PF') \leqslant$$

$$2\sqrt{yz}\cos\alpha+2\sqrt{zx}\cos\beta+2\sqrt{xy}\cos\gamma \leqslant$$

$$x+y+z$$

注　嵌入不等式在参考资料[3]里有专门章节介绍,其内容是:

设 $\angle BAC+\angle ABC+\angle ACB=(2k+1)\pi, k\in \mathbf{Z}$, $x, y, z\in \mathbf{R}$. 则

$$x^2+y^2+z^2\geqslant 2yz\cos A+2zx\cos B+2xy\cos C$$

附　证法 15 的推广

我们将证明以下的一般性结论:

设 P 为凸 n 边形 $A_1A_2\cdots A_n$ 内一点,$\triangle A_1PA_2$, $\triangle A_2PA_3,\cdots,\triangle A_nPA_1$ 中自点 P 发出的角平分线分别为 $PE_1, PE_2,\cdots, PE_n$,点 P 到各边的距离分别为 $PD_1, PD_2,\cdots, PD_n$. 则

$$\sum_{i=1}^{n}PA_i\geqslant \sec\frac{\pi}{n}\sum_{i=1}^{n}PE_i\geqslant \sec\frac{\pi}{n}\sum_{i=1}^{n}PD_i$$

我们要用到几个引理.

引理 1　在 $\triangle ABC$ 中

$$h_a\leqslant t_a=\frac{2bc}{b+c}\cos\frac{\angle BAC}{2}\leqslant \sqrt{bc}\cos\frac{\angle BAC}{2}$$

只需要角平分线公式及算术 - 几何均值不等式,就可以得到上述结果.

引理 2　在所有有相同边数及周长的多边形中,面积最大的是正 n 边形.

这就是众所周知的等周定理.

引理 3　$\alpha_i>0, a_i>0, i=1,2,\cdots,n, \alpha_1+\alpha_2+\cdots+\alpha_n=\pi, a_{n+1}=a_1$,则

$$\sum_{i=1}^{n}a_i^2\geqslant \sec\frac{\pi}{n}\sum_{i=1}^{n}a_i\cdot a_{i+1}\cdot\cos\alpha_i$$

为保持证明的连续性,引理 3 的证明将在最后给

出. 下面先继续原命题的证明.

设 $\angle A_iPA_{i+1}=\beta_i$,其中 $i=1,2,\cdots,n$,$A_{n+1}=A_1$,则 $\sum_{i=1}^{n}\beta_i=2\pi$.

由引理 1,有

$$\sqrt{PA_i\cdot PA_{i+1}}\cdot\cos\frac{\beta_i}{2}\geqslant PE_i\geqslant PD_i$$

从而

$$\sum_{i=1}^{n}\sqrt{PA_i\cdot PA_{i+1}}\cdot\cos\frac{\beta_i}{2}\geqslant\sum_{i=1}^{n}PE_i\geqslant\sum_{i=1}^{n}PD_i \quad ①$$

在平面上任取一点 O,构造多边形 $B_1B_2\cdots B_n$,使得 $OB_i=\sqrt{PA_i}$,且使

$$\angle B_iOB_{i+1}=\frac{\beta_i}{2}+\frac{\pi}{n}$$

则

$$\sum_{i=1}^{n}\frac{\beta_i}{2}=\pi$$

由引理 3,有

$$\sum_{i=1}^{n}PA_i\geqslant\sec\frac{\pi}{n}\cdot\sum_{i=1}^{n}\sqrt{PA_i\cdot PA_{i+1}}\cdot\cos\frac{\beta_i}{2} \quad ②$$

结合 ① 和 ②,即得

$$\sum_{i=1}^{n}PA_i\geqslant\sec\frac{\pi}{n}\cdot\sum_{i=1}^{n}PE_i\geqslant\sec\frac{\pi}{n}\cdot\sum_{i=1}^{n}PD_i$$

最后,给出引理 3 的证明:

令 $A_{n+1}=A_1$. 任取一点 O,对 $i=1,2,\cdots,n$,作 $\angle A_iOA_{i+1}=\alpha_i+\frac{\pi}{n}$,$OA_i=a_i$,则 $\sum_{i=1}^{n}\angle A_iOA_{i+1}=2\pi$,$A_1,A_2,\cdots,A_n$ 恰好构成一个 n 边形的顶点. 记

$A_iA_{i+1}=b_i$，设多边形 $A_1A_2\cdots A_n$ 的面积为 S_n.

由引理 2，在周长为 $\sum\limits_{i=1}^{n}b_i$ 的 n 边形中，以边长为 $\frac{1}{n}\sum\limits_{i=1}^{n}b_i$ 的正 n 边形面积最大，其值为 $\frac{n}{4}\cdot\cot\frac{\pi}{n}\cdot\left(\frac{1}{n}\sum\limits_{i=1}^{n}b_i\right)^2$. 从而

$$4S_n\cdot\tan\frac{\pi}{n}\leqslant\frac{1}{n}\left(\sum_{i=1}^{n}b_i\right)^2\leqslant\sum_{i=1}^{n}b_i^2$$

在各三角形里应用余弦定理，有

$$\sum_{i=1}^{n}2a_i\cdot a_{i+1}\cdot\cos\left(\alpha_i+\frac{\pi}{n}\right)=$$
$$2\sum_{i=1}^{n}a_i^2-\sum_{i=1}^{n}b_i^2\leqslant$$
$$2\sum_{i=1}^{n}a_i^2-4S_n\cdot\tan\frac{\pi}{n}$$

但由三角形面积公式，有

$$2S_n=\sum_{i=1}^{n}2a_i\cdot a_{i+1}\cdot\sin\left(\alpha_i+\frac{\pi}{n}\right)$$

故

$$\sum_{i=1}^{n}a_i^2\geqslant$$
$$\sum_{i=1}^{n}a_i\cdot a_{i+1}\cdot\left[\cos\left(\alpha_i+\frac{\pi}{n}\right)+\tan\frac{\pi}{n}\cdot\sin\left(\alpha_i+\frac{\pi}{n}\right)\right]=$$
$$\sec\frac{\pi}{n}\cdot\sum_{i=1}^{n}a_i\cdot a_{i+1}\cdot$$
$$\left[\cos\frac{\pi}{n}\cdot\cos\left(\alpha_i+\frac{\pi}{n}\right)+\sin\frac{\pi}{n}\cdot\sin\left(\alpha_i+\frac{\pi}{n}\right)\right]=$$

$\sec\frac{\pi}{n}\cdot\sum_{i=1}^{n}a_i\cdot a_{i+1}\cdot\cos\alpha_i$

注 本来按照本章开头所述的简洁标准，这个推广的证明应该落选. 但是最后，经过反复斟酌，还是决定把它选入并放在最后. 理由是，该结论是对 Erdös-Mordell 不等式及 Barrow 不等式的一个非常漂亮的推广，而且使用的证法也属于初等，构造也十分精巧，实在不忍将其舍弃.

与 Erdös-Mordell 不等式在凸 n 边形中的推广类似，三角形中的 Euler 不等式 $R\geqslant 2r$ 在凸 n 边形中也有如下的推广：

设凸 n 边形 $A_1A_2\cdots A_n$ 既有半径为 R 的外接圆，又有半径为 r 的内切圆，且两圆的圆心均位于凸 n 边形 $A_1A_2\cdots A_n$ 内部，则

$$R\geqslant r\cdot\sec\frac{\pi}{n}$$

参考资料

[1] EREÖS P. Problem 3740[J]. Amer. Math. Monthly, 1935,42(6):396.

[2] MORDELL L J, BARROW D F. Solutions 3740[J]. Amer. Math. Monthly, 1937,44(4):252-254.

[3] 冷岗松. 几何不等式[M]. 上海：华东师范大学出版社，2012.

[4] DAR S, GUERON S. A weighted Erdös-Mordell inequality[J]. Amer. Math. Monthly, 2001,108(2):165-167.

[5] KLAMKIN M S. Solution 982[J]. Crux, 1986, 12(2):28-31.

[6] BANKOFF L. An elementary proof of the Erdös-Mordell theorem[J]. Amer. Math. Monthly, 1958, 65(7):521.

[7] ALSINA C, NELSEN R B. A visual proof of the Erdös-Mordell inequality[J]. Forum Geom., 2007,7:99-102.

[8] KOMORNIK V. A short proof of the Erdös-Mordell theorem[J]. Amer. Math. Monthly, 1997, 104(1): 57-60.

[9] 蔡玉书. 数学奥林匹克中的不等式研究[M]. 苏州:苏州大学出版社,2007.

[10] VENKATACHALA B J. Inequalities: an approach through problems[M]. Singapore: Springer Nature Singapore Pte Ltd & Hindustan Book Agency, 2018.

[11] 曹嘉兴. Erdös-Mordell 定理的两个简证[J]. 中学生数学:高中版,2013,3:26.

[12] LEE H J. Another proof of the Erdös-Mordell theorem[J]. Forum Geom., 2001,1:7-8.

[13] AVEZ A. A short proof of a theorem of Erdös and Mordell[J]. Amer. Math. Monthly, 1993,100(1):60-61.

[14] DAO T O, NGUYEN T D, PHAM N M. A strengthened version of the Erdös-Mordell inequality[J]. Forum Geom., 2016,16:317-321.

[15] SEDRAKYAN H, SEDRAKYAN N. Geometric inequalities: methods of proving[M]. Switzerland: Springer International Publishing AG, 2017:79-80.

[16] BOSCH R. A new proof of Erdös-Mordell inequality[J]. Forum Geom., 2018,18:83-86.

第三编

Erdös-Mordell 不等式的加强与推广

一个加权的 Erdös-Mordell 型不等式及其应用①

第六章

华东交通大学的刘健教授 2002 年建立了一个新的加权的 Erdös-Mordell 型不等式,由此推导出其他一系列新的几何不等式,同时提出了一个有关的猜想.

在各类有关三角形的几何不等式中,有一类是涉及三角形内一点至顶点与边距离的不等式,其中最著名的是下述 Erdös-Mordell 不等式:

设 $\triangle ABC$ 内部任意一点 P 到三顶点 A,B,C 与三边 BC,CA,AB 的距离分别为 R_1,R_2,R_3,r_1,r_2,r_3,则

$$R_1+R_2+R_3\geqslant 2(r_1+r_2+r_3) \quad ①$$

这个不等式尚可推广为三元二次型不等式(见参考资料[1]),即对任意实数 x,y,z,有

① 摘自《洛阳师范学院学报》,2002(5):25-28.

$$x^2R_1+y^2R_2+z^2R_3\geqslant 2(yzr_1+zxr_2+xyr_3) \quad ②$$

等号仅当 P 为 $\triangle ABC$ 的外心且 $x:y:z=\sin A:\sin B:\sin C$ 时成立(注:参考资料[1]中指出式②等号成立的条件有误).

除了不等式②以及由此应用变换导出的几个不等式,鲜见有文献论及类似于②的其他三元二次型不等式,本章将建立一个新的有关 R_1,R_2,R_3,r_1,r_2,r_3 与边长的三元二次型不等式.

获得的主要结果如下:

定理1 设 $\triangle ABC$ 的边 BC,CA,AB 与半周长分别为 a,b,c,s,则对 $\triangle ABC$ 内部任一点 P 与任意实数 x,y,z,有

$$\frac{s-a}{r_1}x^2+\frac{s-b}{r_2}y^2+\frac{s-c}{r_3}z^2\geqslant$$
$$2\left(yz\,\frac{s-a}{R_1}+zx\,\frac{s-b}{R_2}+xy\,\frac{s-c}{R_3}\right) \quad ③$$

等号仅当 P 为 $\triangle ABC$ 的内心且 $x:y:z=\sin\frac{A}{2}:\sin\frac{B}{2}:\sin\frac{C}{2}$ 时成立.

在证明定理之前,我们先给出两个简单的引理.

引理1 对任意正数 u,v,w 与任意实数 x,y,z 有

$$\frac{v+w}{u}x^2+\frac{w+u}{v}y^2+\frac{u+v}{w}z^2\geqslant 2(yz+zx+xy) \quad ④$$

易知上式仅当 $u:v:w=x:y:z$ 时成立.

不等式④是极易证明的,展开下式

$$\left(y\sqrt{\frac{w}{v}}-z\sqrt{\frac{v}{w}}\right)^2+\left(z\sqrt{\frac{u}{w}}-x\sqrt{\frac{w}{u}}\right)^2+$$

$$\left(x\sqrt{\frac{v}{u}}-y\sqrt{\frac{u}{v}}\right)^2\geqslant 0$$

整理即得式 ④,其等号成立条件是显然的.

顺便指出,不等式 ④ 也易由参考资料[2] 中的引理推出,从略.

引理 2 对 $\triangle ABC$ 内部任意一点 P,有

$$\sin\frac{A}{2}\geqslant\frac{\sqrt{r_2r_3}}{R_1}$$

$$\sin\frac{B}{2}\geqslant\frac{\sqrt{r_3r_1}}{R_2}$$

$$\sin\frac{C}{2}\geqslant\frac{\sqrt{r_1r_2}}{R_3}$$

等号分别仅当 PA,PB,PC 平分 $\angle BAC,\angle CBA,\angle ACB$ 时成立.

以上引理 2 也很容易证明,并且较有用处(参见参考资料[2-5]).

定理 1 的证明 对于锐角 $\triangle ABC$,在不等式 ④ 中取

$$u=b^2+c^2-a^2$$

$$v=c^2+a^2-b^2$$

$$w=a^2+b^2-c^2$$

则得

$$\frac{a^2}{b^2+c^2-a^2}x^2+\frac{b^2}{c^2+a^2-b^2}y^2+\frac{c^2}{a^2+b^2-c^2}z^2\geqslant yz+zx+xy$$

对上式作置换:$x\to\frac{x}{a},y\to\frac{y}{b},z\to\frac{z}{c}$,则得

$$\frac{x^2}{b^2+c^2-a^2}+\frac{y^2}{c^2+a^2-b^2}+\frac{z^2}{a^2+b^2-c^2}\geqslant$$

$$\frac{yz}{bc}+\frac{zx}{ca}+\frac{xy}{ab}$$

两边乘以三角形的面积 Δ,再利用公式

$$4\Delta\cot A=b^2+c^2-a^2$$

$$\Delta=\frac{1}{2}bc\sin A$$

即得有关锐角 $\triangle ABC$ 的二次型三角不等式

$$x^2\tan A+y^2\tan B+z^2\tan C\geqslant$$
$$2(yz\sin A+zx\sin B+xy\sin C) \quad ⑤$$

等号仅当 $x:y:z=\cos A:\cos B:\cos C$ 时成立.

对于任意 $\triangle ABC$,显然都存在着以 $\frac{\pi-A}{2},\frac{\pi-B}{2}$, $\frac{\pi-C}{2}$ 为内角的锐角三角形,对此锐角三角形使用不等式 ⑤,则知,对任意 $\triangle ABC$ 有

$$x^2\cot\frac{A}{2}+y^2\cot\frac{B}{2}+z^2\cot\frac{C}{2}\geqslant$$
$$2\left(yz\cos\frac{A}{2}+zx\cos\frac{B}{2}+xy\cos\frac{C}{2}\right) \quad ⑥$$

再注意到 $\cot\frac{A}{2}=\frac{s-a}{r},\cot\frac{B}{2}=\frac{s-b}{r},\cot\frac{C}{2}=\frac{s-a}{r}$ (r 为$\triangle ABC$ 的内切圆半径),可知上式等价于

$$(s-a)x^2+(s-b)y^2+(s-c)z^2\geqslant$$
$$2\left[yz(s-a)\sin\frac{A}{2}+zx(s-b)\sin\frac{B}{2}+\right.$$
$$\left.xy(s-c)\sin\frac{C}{2}\right]$$

由此及引理 2 即知,对正数 x,y,z 有

$$(s-a)x^2+(s-b)y^2+(s-c)z^2\geqslant$$
$$2\left[yz(s-a)\frac{\sqrt{r_2r_3}}{R_1}+zx(s-b)\frac{\sqrt{r_3r_1}}{R_2}+\right.$$

$$xy(s-c)\frac{\sqrt{r_1r_2}}{R_3}\Bigg]$$

由于此式中的二次项 x^2，yz 等前的系数为正，从而易知上式实际上对任意实数 x，y，z 都成立. 对上式作置换：$x\to\frac{x}{\sqrt{r_1}}$，$y\to\frac{y}{\sqrt{r_2}}$，$z\to\frac{z}{\sqrt{r_3}}$ 就得定理所述不等式③.

按引理 1 与引理 2 所述不等式等号成立的条件，容易得知式 ③ 等号成立的条件如定理中所述. 定理证毕.

从本章定理的不等式等号成立的条件可以看出，不等式 ③ 是一个较强的结论. 下面，我们对它的应用做些讨论.

以下约定 $\triangle ABC$ 的外接圆半径、内切圆半径分别为 R，r，相应边上的中线、高线与内切圆半径分别为 m_a，m_b，m_c；h_a，h_b，h_c；r_a，r_b，r_c，其余符号同上.

在定理的不等式 ③ 中令 $x=y=z=1$，则得下述更简洁的不等式.

推论 1　对 $\triangle ABC$ 内部任一点 P 有

$$\frac{s-a}{r_1}+\frac{s-b}{r_2}+\frac{s-c}{r_3}\geqslant 2\left(\frac{s-a}{R_1}+\frac{s-b}{R_1}+\frac{s-c}{R_3}\right) \quad ⑦$$

在不等式 ③ 中取

$$x=\frac{\sqrt{R_2R_3}}{R_1},y=\frac{\sqrt{R_3R_1}}{R_2},z=\frac{\sqrt{R_1R_2}}{R_3}$$

即得.

推论 2　对 $\triangle ABC$ 内部任意一点 P 有

$$(s-a)\frac{R_2R_3}{R_1r_1}+(s-b)\frac{R_3R_1}{R_2r_2}+(s-c)\frac{R_1R_2}{R_3r_3}\geqslant 2s \tag{⑧}$$

等号仅当 P 为 $\triangle ABC$ 的内心时成立.

以上推论的不等式是参考资料[3]中定理 4 的一个特例.

设 $\triangle ABC$ 为锐角三角形,并令 P 为其外接圆的圆心,则有

$$R_1=R_2=R_3=R$$

$$r_1=R\cos A, r_2=R\cos B, r_3=R\cos C$$

从而得:

推论 3 对锐角 $\triangle ABC$ 与任意实数 x,y,z 有

$$\frac{s-a}{\cos A}x^2+\frac{s-b}{\cos B}y^2+\frac{s-c}{\cos C}z^2\geqslant$$
$$2[yz(s-a)+zx(s-b)+xy(s-c)] \tag{⑨}$$

在不等式 ③ 中取 P 为 $\triangle ABC$ 的重心,则有 $r_1=\frac{1}{3}h_a$,

$R_1=\frac{2}{3}m_a$ 等,从而得

$$\frac{s-a}{h_a}x^2+\frac{s-b}{h_b}y^2+\frac{s-c}{h_c}z^2\geqslant$$
$$2\left(yz\frac{s-a}{m_a}+zx\frac{s-a}{m_b}+xy\frac{s-a}{m_c}\right) \tag{⑩}$$

两边除以 Δ 即得:

推论 4 对 $\triangle ABC$ 与任意实数 x,y,z 有

$$\frac{x_2}{r_ah_a}+\frac{y_2}{r_bh_b}+\frac{z_2}{r_ch_c}\geqslant\frac{yz}{r_am_a}+\frac{zx}{r_bm_b}+\frac{xy}{r_cm_c} \tag{⑪}$$

另在式 ③ 中令 P 为 $\triangle ABC$ 的类似重心,则有

$$r_1=\frac{2a\Delta}{a^2+b^2+c^2}, R_1=\frac{2bcm_a}{a^2+b^2+c^2}$$

于是可得

$$\frac{s-a}{a}x^2+\frac{s-b}{b}y^2+\frac{s-c}{c}z^2\geqslant$$

$$2\Delta\left(yz\frac{s-a}{bcm_a}+zx\frac{s-b}{cam_b}+xy\frac{s-c}{abm_c}\right)$$

两边乘以$\frac{abc}{(s-a)(s-b)(s-c)}$，得

$$\frac{bc}{(s-b)(s-c)}x^2+\frac{ca}{(s-c)(s-a)}y^2+$$

$$\frac{ab}{(s-a)(s-b)}z^2\geqslant$$

$$\frac{2yza\Delta}{(s-b)(s-c)m_a}+\frac{2zxb\Delta}{(s-c)(s-a)m_b}+$$

$$\frac{2xyc\Delta}{(s-a)(s-b)m_c}$$

再注意到

$$\sin^2\frac{A}{2}=\frac{(s-b)(s-c)}{bc}$$

$$r_b+r_c=\frac{a\Delta}{(s-b)(s-c)}$$

即得：

推论 5 对 $\triangle ABC$ 与任意实数 x,y,z 有

$$\frac{x^2}{\sin^2\frac{A}{2}}+\frac{y^2}{\sin^2\frac{B}{2}}+\frac{z^2}{\sin^2\frac{C}{2}}\geqslant$$

$$2\left(yz\frac{r_b+r_c}{m_a}+zx\frac{r_c+r_a}{m_b}+xy\frac{r_a+r_b}{m_c}\right) \qquad ⑫$$

由已知的锐角三角形不等式 $r_b+r_c\geqslant 2m_a$ 等可知，对锐角 $\triangle ABC$ 有

$$\frac{x^2}{\sin^2\frac{A}{2}}+\frac{y^2}{\sin^2\frac{B}{2}}+\frac{z^2}{\sin^2\frac{C}{2}}\geqslant 4(yz+zx+xy) \qquad ⑬$$

这一不等式实际上对任意三角形都成立(见参考资料[4]).

以上给出的五个推论均是定理的直接推论.下面,我们从不等式⑩出发,应用引理2以及Panaitpol不等式$\frac{m_a}{h_a}\leqslant\frac{R}{2r}$来推导一个新的三元二次动点型不等式.

由不等式⑩和⑭即知,对正数x,y,z,继而对任意实数x,y,z有

$$\frac{s-a}{h_a}x^2+\frac{s-b}{h_b}y^2+\frac{s-c}{h_a}z^2\geqslant$$
$$\frac{2r}{R}\left(yz\frac{s-a}{h_a}+zx\frac{s-b}{h_b}+xy\frac{s-c}{h_c}\right) \qquad ⑭$$

因此

$$\frac{s-a}{bc}x^2+\frac{s-b}{ca}y^2+\frac{s-c}{ab}z^2\geqslant$$
$$\frac{2r}{R}\left(yz\frac{s-a}{bc}+zx\frac{s-b}{ca}+xy\frac{s-c}{ab}\right) \qquad ⑮$$

两边乘以s并注意到$\cos^2\frac{A}{2}=\frac{s(s-a)}{bc}$及以下常见的恒等式

$$\frac{r}{4R}=\sin\frac{A}{2}\sin\frac{B}{2}\sin\frac{C}{2} \qquad ⑯$$

得

$$x^2\cos^2\frac{A}{2}+y^2\cos^2\frac{B}{2}+z^2\cos^2\frac{C}{2}\geqslant$$
$$8\sin\frac{A}{2}x\sin\frac{B}{2}\sin\frac{C}{2}\cdot$$
$$\left(yz\cos^2\frac{A}{2}+zx\cos^2\frac{B}{2}+xy\cos^2\frac{C}{2}\right)$$

再作置换

$$x \to \frac{x}{\sin\frac{A}{2}}, y \to \frac{y}{\sin\frac{B}{2}}, z \to \frac{z}{\sin\frac{C}{2}}$$

即得

$$x^2\cot^2\frac{A}{2} + y^2\cot^2\frac{B}{2} + z^2\cot^2\frac{C}{2} \geqslant$$
$$8\left(yz\sin\frac{A}{2}\cos^2\frac{A}{2} + zx\sin\frac{B}{2}\cos^2\frac{B}{2} + xy\sin\frac{C}{2}\cos^2\frac{C}{2}\right)$$

由引理2可知对正数 x,y,z，继而对任意实数 x,y,z 有

$$x^2\cot^2\frac{A}{2} + y^2\cot^2\frac{B}{2} + z^2\cot^2\frac{C}{2} \geqslant$$
$$8\left(yz\frac{\sqrt{r_2r_3}}{R_1}\cos^2\frac{A}{2} + zx\frac{\sqrt{r_3r_1}}{R_2}\cos^2\frac{B}{2} + xy\frac{\sqrt{r_1r_2}}{R_3}\cos^2\frac{C}{2}\right)$$

再作置换 $x \to \frac{x}{\sqrt{r_1}}, y \to \frac{y}{\sqrt{r_2}}, z \to \frac{z}{\sqrt{r_3}}$，就得下述结论：

推论 6　对 $\triangle ABC$ 内部任一点 P 有

$$\frac{\cot^2\frac{A}{2}}{r_1}x^2 + \frac{\cot^2\frac{B}{2}}{r_2}y^2 + \frac{\cot^2\frac{C}{2}}{r_3}z^2 \geqslant$$
$$8\left(yz\frac{\cos^2\frac{A}{2}}{R_1} + zx\frac{\cos^2\frac{B}{2}}{R_2} + xy\frac{\cos^2\frac{C}{2}}{R_3}\right) \tag{17}$$

注意到 $\cos^2\frac{A}{2} \geqslant \sin B\sin C$ 等，由上式即知

$$\frac{\cot^2\frac{A}{2}}{r_1}x^2 + \frac{\cot^2\frac{B}{2}}{r_2}y^2 + \frac{\cot^2\frac{C}{2}}{r_3}z^2 \geqslant$$

$$8\left(yz\frac{\sin B\sin C}{R_1}+zx\frac{\sin C\sin A}{R_2}+xy\frac{\sin A\sin B}{R_3}\right) \tag{18}$$

再作置换

$$x\to\frac{x}{\sin A},y\to\frac{y}{\sin B},z\to\frac{z}{\sin C}$$

则得下述不等式:

推论 7 对 $\triangle ABC$ 内部任一点 P 与实数 x,y,z 有

$$\frac{x^2}{r_1\sin^2\frac{A}{2}}+\frac{y^2}{r_2\sin^2\frac{B}{2}}+\frac{z^2}{r_3\sin^2\frac{C}{2}}\geqslant$$

$$8\left(\frac{yz}{R_1}+\frac{zx}{R_3}+\frac{xy}{R_3}\right) \tag{19}$$

设 $\triangle ABC$ 内部任一点 Q 到顶点 A,B,C 与边 BC, CA,AB 的距离分别为 D_1,D_2,D_3,d_1,d_2,d_3,则按引理 2 有 $\sin^2\frac{A}{2}\geqslant\frac{d_2d_3}{D_1^2}$ 等,从而由式 ⑲ 知

$$\frac{D_1^2}{r_1d_2d_3}x^2+\frac{D_2^2}{r_2d_3d_1}y^2+\frac{D_3^2}{r_3d_1d_2}z^2\geqslant$$

$$8\left(\frac{yz}{R_1}+\frac{zx}{R_3}+\frac{xy}{R_3}\right)$$

再作置换

$$x\to\frac{x}{D_1},y\to\frac{y}{D_2},z\to\frac{z}{D_3}$$

即得下述不等式:

推论 8 对 $\triangle ABC$ 内部任意两点 P 与 Q 及实数 x,y,z 有

$$\frac{x^2}{r_1d_2d_3}+\frac{y^2}{r_2d_3d_1}+\frac{z^2}{r_3d_1d_2}\geqslant$$

$$8\left(\frac{yz}{R_1R_2D_3}+\frac{zx}{R_2R_3D_1}+\frac{xy}{R_3R_1D_2}\right) \qquad ⑳$$

应用等角共轭变换(参见[1]),由不等式 ⑳ 还可得:

推论 9 对 $\triangle ABC$ 内部任意两点 P 与 Q 及实数 x,y,z 有

$$\frac{x^2}{r_1d_1}+\frac{y^2}{r_2d_2}+\frac{z^2}{r_3d_3}\geqslant 4\left(\frac{yz}{R_aD_1}+\frac{yz}{R_bD_2}+\frac{yz}{R_cD_3}\right) \qquad ㉑$$

其中 R_a,R_b,R_c 分别表示 $\triangle BPC,\triangle CPA,\triangle APB$ 的外接圆半径.

由参考资料[5]中的定理 e 作角变换易得类似于不等式 ⑰ 的以下不等式

$$\frac{\cot\frac{A}{2}}{r_1}x^2+\frac{\cot\frac{B}{2}}{r_2}y^2+\frac{\cot\frac{C}{2}}{r_3}z^2\geqslant 4\left(yz\frac{\cos\frac{A}{2}}{R_1}+zx\frac{\cos\frac{B}{2}}{R_2}+xy\frac{\cos\frac{C}{2}}{R_3}\right) \qquad ㉒$$

考虑不等式 ⑰ 与 ㉒ 统一的指数推广,我们提出:

猜想 设 $0\leqslant k\leqslant 3$,则对 $\triangle ABC$ 内部任一点 P 及实数 x,y,z 有

$$\frac{\cot^k\frac{A}{2}}{r_1}x^2+\frac{\cot^k\frac{B}{2}}{r_2}y^2+\frac{\cot^k\frac{C}{2}}{r_3}z^2\geqslant 2^{k+1}\left(yz\frac{\cos^k\frac{A}{2}}{R_1}+zx\frac{\cos^k\frac{B}{2}}{R_2}+xy\frac{\cos^k\frac{C}{2}}{R_3}\right) \qquad ㉓$$

计算机的验证表明上式成立的可能性是很大的.

参考资料

[1] MITRINOVIČ D S, PECARIĆ J E, VOLENEC V. Volenec. Recent advances in geometric inequalities[M]. Boston: Kluwer Academic Publishers, 1989.

[2] 刘健. 关于三角形内部一点的一些不等式[J]. 铁道师院学报,1998,15(4):74-78.

[3] 刘健. Carlitz-Klamkin 不等式的指数推广及其应用[J]. 铁道师院学报,1998,16(4):73-79.

[4] 杨学枝. 不等式研究[M]//刘健. 大加权三角形不等式的一个推论及其应用. 拉萨:西藏人民出版社,2000:248-270.

[5] 刘健. 大加权三角形不等式的一个推论及其应用[J]. 华东交通大学学报,2001,18(1):70-75.

[6] 刘健. 关于三角形长度元素的几个不等式[J]. 怀化师专学报,1998,2:93-99.

第七章 一个新的三元二次 Erdös-Mordell 型不等式①

华东交通大学的刘健教授 2003 年受到一个已知的三元二次 Erdös-Mordell 型不等式的推论的启发，得出了一个新的相类似的结果，给出了它的一则应用，提出并应用计算机验证了两个未解决的猜想.

设 $\triangle ABC$ 内部任一点 P 到顶点 A，B，C 与边 BC，CA，AB 的距离分别为 R_1，R_2，R_3，r_1，r_2，r_3，则对任意实数 x，y，z 有

$$x^2R_1+y^2R_2+z^2R_3\geqslant 2(yzr_1+zxr_2+xyr_3) \quad ①$$

这就是几何不等式中著名的三元二次 Erdös-Mordell 型不等式，参见[1].

应用反演变换，由式 ① 可得已知的不等式

① 摘自《华东交通大学学报》，2003，20(5)：123-125.

$$\frac{x^2}{r_1}+\frac{y^2}{r_2}+\frac{z^2}{r_3}\geqslant 2\left(\frac{yz}{R_1}+\frac{zx}{R_2}+\frac{xy}{R_3}\right) \qquad ②$$

这个不等式的一个新的简单的证明见参考资料[2].

设 $\triangle ABC$ 相应边 BC,CA,AB 上的旁切圆半径与中线分别为 r_a,r_b,r_c 和 m_a,m_b,m_c,则有已知的半对称不等式

$$r_br_c\leqslant m_a^2,r_cr_a\leqslant m_b^2,r_ar_b\leqslant m_c^2$$

据此在式 ② 中作置换

$$x\rightarrow\frac{x}{\sqrt{r_a}},y\rightarrow\frac{y}{\sqrt{r_b}},z\rightarrow\frac{z}{\sqrt{r_c}}$$

即可知对非负实数 x,y,z,继而对任意实数 x,y,z 成立不等式

$$\frac{x^2}{r_ar_1}+\frac{y^2}{r_br_2}+\frac{z^2}{r_cr_3}\geqslant 2\left(\frac{yz}{m_aR_1}+\frac{zx}{m_bR_2}+\frac{xy}{m_cR_3}\right) \qquad ③$$

这个推论不等式启示刘健教授发现了下述结论:将上式左右两端的旁切圆半径与中线对调后的不等式也成立.确切地说,我们有:

定理 对 $\triangle ABC$ 内部任一点 P 与任意实数 x,y,z 有

$$\frac{x^2}{m_ar_1}+\frac{y^2}{m_br_2}+\frac{z^2}{m_cr_3}\geqslant 2\left(\frac{yz}{r_aR_1}+\frac{zx}{r_bR_2}+\frac{xy}{r_cR_3}\right) \qquad ④$$

等号当且仅当 $\triangle ABC$ 为正三角形且 P 为其中心时成立.

Erdös-Mordell 型不等式 ④ 与不等式 ③ 在形式上完全一致,但不等式 ④ 的证明要较式 ③ 复杂许多.下面先介绍几个引理.

引理 1[3] 设正数 p_1,p_2,p_3 与实数 q_1,q_2,q_3 满足

$$4p_2p_3>q_1^2,4p_3p_1>p_2^2,4p_1p_2>q_3^2$$

及

$$p_1q_1^2+p_2q_2^2+p_3q_3^2+q_1q_2q_3\leqslant 4p_1p_2p_3 \qquad ⑤$$

则对任意实数 x,y,z 有

$$p_1x^2+p_2y^2+p_3z^2\geqslant q_1yz+q_2zx+q_3xy \qquad ⑥$$

等号仅当式⑤取等号且

$$x:y:z=\sqrt{4p_2p_3-q_1^2}:\sqrt{4p_3p_1-q_2^2}:\sqrt{4p_1p_2-q_3^2}$$

时成立.

引理 2　在 $\triangle ABC$ 中有

$$(m_a+m_b+m_c)^2\geqslant$$
$$\frac{9}{4}(2bc+2ca+2ab-a^2-b^2-c^2) \qquad ⑦$$

等号当且仅当 $\triangle ABC$ 为正三角形时成立.

不等式⑦实为刘健教授在参考资料[4]中给出的动点类不等式

$$PA+PB+PC\geqslant$$
$$\sqrt{2bc+2ca+2ab-a^2-b^2-c^2} \qquad ⑧$$

的特例.只要在上式中令 P 为 $\triangle ABC$ 的重心,即得式⑦.

引理 3　若对任意 $\triangle ABC$ 成立有关边长 a,b,c 与中线 m_a,m_b,m_c 及面积 Δ 的不等式

$$f(a,b,c,m_a,m_b,m_c,\Delta)\geqslant 0 \qquad ⑨$$

则此不等式等价于

$$f\left(m_a,m_b,m_c,\frac{3}{4}a,\frac{3}{4}b,\frac{3}{4}c,\frac{3}{4}\Delta\right)\geqslant 0 \qquad ⑩$$

上述引理参见参考资料[1].

引理 4　设 $\triangle ABC$ 相应边上的高线与中线分别为 h_a,h_b,h_c,m_a,m_b,m_c,则有

$$(h_a^2+h_b^2+h_c^2)\left(\frac{1}{m_a^2}+\frac{1}{m_b^2}+\frac{1}{m_c^2}\right)\leqslant 9 \qquad ⑪$$

等号仅当 $\triangle ABC$ 为等腰三角形时成立.

从式 ⑪ 等号成立的条件可见,不等式 ⑪ 是一个较强的结果,其证明可见参考资料[1](P215-216).

引理 5[5] 在 $\triangle ABC$ 中有

$$(2bc+2ca+2ab-a^2-b^2-c^2)\cdot\left(\frac{1}{a^2}+\frac{1}{b^2}+\frac{1}{c^2}\right)\geqslant 9 \qquad ⑫$$

等号当且仅当 $\triangle ABC$ 为正三角形时成立.

引理 6 设 $\triangle ABC$ 的外接圆半径为 R,其余符号同上,则

$$m_a m_b m_c\leqslant\frac{1}{2}Rs^2 \qquad ⑬$$

等号当且仅当 $\triangle ABC$ 为正三角形时成立.

下面,分步来完成定理的不等式 ④ 的证明.

先来证有关中线与旁切圆半径的二次不等式

$$\frac{x^2}{m_a}+\frac{y^2}{m_b}+\frac{z^2}{m_c}\geqslant 2\left(\frac{yz}{r_a}\sin\frac{A}{2}+\frac{zx}{r_b}\sin\frac{B}{2}+\frac{xy}{r_c}\sin\frac{C}{2}\right) \qquad ⑭$$

为此,据引理 1 又先证

$$\frac{4}{m_b m_c}>\left(\frac{2}{r_a}\sin\frac{A}{2}\right)^2 \qquad ⑮$$

由公式

$$r_a=s\tan\frac{A}{2} \qquad ⑯$$

可知上式等价于

$$m_b m_c\cos^2\frac{A}{2}<s^2$$

按引理 1,要证此式,只需证

$$(2a^2+bc)\cos^2\frac{A}{2}<4s^2$$

下面来证较此更强的不等式

$$(2a^2+bc)\cos^2\frac{A}{2}<4s^2$$

由半角公式知这个式子等价于

$$(s-a)(2a^2+bc)<2bcs \tag{17}$$

容易验证恒等式

$$\begin{aligned}&2bcs-(s-a)(2a^2+bc)=\\&(s-a)bc+2a[(s-a)^2+(s-b)(s-c)]\end{aligned} \tag{18}$$

由此即知不等式 ⑰ 成立，从而不等式 ⑮ 获证.

现按引理 1 与不等式 ⑮ 以及相应的另两式知，要证不等式 ⑭，只需证

$$\sum\frac{4\sin^2\dfrac{A}{2}}{m_a r_a^2}+\frac{8\sin\dfrac{A}{2}\sin\dfrac{B}{2}\sin\dfrac{C}{2}}{r_a r_b r_c}\leqslant\frac{4}{m_a m_b m_c}$$

(其中 $\sum$ 表示循环和，下同此) 利用 $r_a r_b r_c=rs^2$ 与恒等式 $\sin\frac{A}{2}\sin\frac{B}{2}\sin\frac{C}{2}=\frac{4r}{R}$ 以及式 ⑱ 等，易知上式等价于

$$\sum m_b m_c\cos^2\frac{A}{2}\leqslant\frac{3}{4}s^2 \tag{19}$$

由已知的不等式 $4m_b m_c\leqslant 2a^2+bc$ 可知，要证上式，只需证

$$\sum(2a^2+bc)\cos^2\frac{A}{2}\leqslant 3s^2$$

易知此式等价于

$$3abcs\geqslant\sum a(s-a)(2a^2+bc) \tag{20}$$

不难验证

$$3abc-\sum a(s-a)(2a^2+bc)=$$

$$\frac{1}{2}\sum\left[(b^2+c^2-a^2)(b-c)^2\right] \tag{21}$$

因此,式 ㉑ 的证明可化为

$$\sum(b^2+c^2-a^2)(b-c)^2 \geqslant 0 \tag{22}$$

为证上式,不妨设 $a \geqslant b \geqslant c$,则

$$c^2+a^2-b^2>0, a^2+b^2-c^2>0$$

因此欲证式 ㉔,只需证

$$(b^2+c^2-a^2)(b-c)^2+(c^2+a^2-b^2)(c-a)^2 \geqslant 0$$

注意到$(c-a)^2 \geqslant (b-c)^2$,可见,要证上式,只需证

$$(b^2+c^2-a^2)(b-c)^2+(c^2+a^2-b^2)(b-a)^2 \geqslant 0$$

即 $2c^2(b-c)^2 \geqslant 0$,这显然成立,从而不等式 ㉒⑳⑲⑭ 得证.

最后根据不等式 ⑭ 与已知的半对称不等式(参见参考资料[2] 等):$\sin\frac{A}{2} \geqslant \frac{\sqrt{r_2r_3}}{R_1}$ 以及与之相应的另两式就知,对正数 x,y,z,继而对任意实数 x,y,z 有

$$\frac{x^2}{m_a}+\frac{y^2}{m_b}+\frac{z^2}{m_c} \geqslant$$

$$2\left(yz\frac{\sqrt{r_2r_3}}{r_aR_1}+zx\frac{\sqrt{r_3r_1}}{r_bR_2}+xy\frac{\sqrt{r_1r_2}}{r_cR_3}\right) \tag{23}$$

接着作置换

$$x \to \frac{x}{\sqrt{r_1}}, y \to \frac{y}{\sqrt{r_2}}, z \to \frac{z}{\sqrt{r_3}}$$

就得定理的不等式 ④,容易得知其等号成立的条件如定理中所述,定理证毕.

推论

$$\frac{R_2R_3}{R_1m_a}+\frac{R_3R_1}{R_2m_b}+\frac{R_1R_2}{R_3m_c} \geqslant 2 \tag{24}$$

三元二次 Erdös-Mordell 型不等式已有许多的结

果与未解决的猜想，见参考资料[2,3,7,8]. 下面，我们再向读者介绍两个尚待解决的猜想.

如同从不等式 ② 出发提出不等式 ④ 一样，我们从刘健教授建立的不等式

$$x^2R_2R_3+y^2R_3R_1+z^2R_1R_2\geqslant 4(yzr_2r_3+zxr_3r_1+xyr_1r_2) \tag{25}$$

出发，经过考察提出：

猜想 1　符号同定理，则对 $\triangle ABC$ 内部任一点 P 与任意实数 x,y,z 有

$$\frac{R_2R_3}{m_a}x^2+\frac{R_3R_1}{m_b}y^2+\frac{R_1R_2}{m_c}z^2\geqslant 4\left(yz\frac{r_2r_3}{r_a}+zx\frac{r_3r_1}{r_b}+xy\frac{r_1r_2}{r_c}\right) \tag{26}$$

把三元二次 Erdös-Mordell 不等式 ① 中的 x,y,z 分别换成 y,z,x 与 z,x,y，然后将所得两式相加，即知参考资料[8] 中猜想的不等式

$$(R_2+R_3)x^2+(R_3+R_1)y^2+(R_1+R_2)z^2\geqslant 2[yz(r_2+r_3)+zx(r_3+r_1)+xy(r_1+r_2)] \tag{27}$$

是成立的. 同不等式 ④ 与 ㉖ 的提出相类似，由不等式 ㉗ 从发，我们又提出下述猜想：

猜想 2　符号同定理，则对 $\triangle ABC$ 内部任一点与任意实数 x,y,z 有

$$\frac{R_2+R_3}{m_a}x^2+\frac{R_3+R_1}{m_b}y^2+\frac{R_1+R_2}{m_c}z^2\geqslant 2\left(yz\frac{r_2+r_3}{r_a}+zx\frac{r_3+r_1}{r_b}+xy\frac{r_1+r_2}{r_c}\right) \tag{28}$$

当 $x=y=z$ 时，注意到恒等式

$$\frac{r_2+r_3}{r_a}+\frac{r_3+r_1}{r_b}+\frac{r_1+r_2}{r_c}=2 \tag{29}$$

可知此时式㉘化为简洁的有关 R_1, R_2, R_3 与 m_a, m_b, m_c 的有趣的不等式

$$\frac{R_2+R_3}{m_a}+\frac{R_3+R_1}{m_b}+\frac{R_1+R_2}{m_c}\geqslant 4 \tag{30}$$

这个特例证明起来也颇不容易，最近被褚小光用十分复杂的方法证明了. 猜想 2 的证明看来十分困难，刘健教授愿意为第一位正确给出这一猜想的证明者提供 1000 元人民币的悬奖.

参考资料

[1] MITRINOVIČ D S, PECARIĆ J E, VOLENEC V. Recent advances in geometric inequalities[M]. Boston: Kluwer Academic Publishers, 1989.

[2] 刘健. 一个新的三元二次型几何不等式[J]. 重庆师范学院学报，2002，19(4)：14-17，34.

[3] 刘健. 一类几何不等式的两个结果与若干猜想[J]. 华东交通大学学报，2002，19(3)：89-94.

[4] 刘健. 三个新的三角形不等式[J]. 教学月刊，1993，8，1-4.

[5] 杨学枝. 不等式研究[M] // 杨学枝. shc73 的证明. 拉萨：西藏人民出版社，2000：538-539.

[6] 刘健. 关于锐角三角形的一个几何不等式[J]. 华东交通大学学报，2000，147(1)：75-78.

[7] 刘健. 一个加权的 Erdös-Mordell 型不等式[J]. 洛阳师范学院学报，2002，21(5)：25-28.

[8] 刘健. 关于三角形内部一点的一些不等式[J]. 铁道师院学报，1998，15(4)：74-78.

第八章 一个加权的 Erdös-Mordell 型不等式的指数推广

华东交通大学的刘健教授 2004 年考虑了他在参考资料[1]中给出的一个加权 Erdös-Mordell 型不等式的指数推广，得出了两个类似的结果，提出并应用计算机验证了一个更一般的猜想.

最近，刘健教授在参考资料[1]中建立了下述一个新的三元二次 Erdös-Mordell 型不等式：设 $\triangle ABC$ 内部任一点 P 到顶点 A,B,C 与边 BC，CA,AB 的距离分别为 R_1,R_2,R_3,r_1，r_2,r_3，又记 $\triangle ABC$ 的边 BC,CA,AB 与半周长分别为 a,b,c,s，则对任意实数 x,y,z 有

$$\frac{s-a}{r_1}x^2+\frac{s-b}{r_2}y^2+\frac{s-c}{r_3}z^2\geqslant 2\left(yz\frac{s-a}{R_1}+zx\frac{s-b}{R_2}+xy\frac{s-c}{R_3}\right) \quad ①$$

等号当且仅当 P 为 $\triangle ABC$ 的内心且

$$x : y : z = \sin\frac{A}{2} : \sin\frac{B}{2} : \sin\frac{C}{2}$$

时成立.

现考虑不等式 ① 的指数推广

$$\frac{s-a}{r_1^k}x^2+\frac{s-b}{r_2^k}y^2+\frac{s-c}{r_3^k}z^2 \geqslant$$
$$2^k\left(yz\,\frac{s-a}{R_1^k}+zx\,\frac{s-b}{R_2^k}+xy\,\frac{s-c}{R_3^k}\right) \qquad ②$$

其中 k 为正实数. 我们得到下述结论:

定理 符号同上,则对 $\triangle ABC$ 内任一点 P 有

$$\frac{s-a}{r_1^3}x^2+\frac{s-b}{r_2^3}y^2+\frac{s-c}{r_3^3}z^2 \geqslant$$
$$8\left(yz\,\frac{s-a}{R_1^3}+zx\,\frac{s-b}{R_2^3}+xy\,\frac{s-c}{R_3^3}\right) \qquad ③$$
$$\frac{s-a}{r_1^4}x^2+\frac{s-b}{r_2^4}y^2+\frac{s-c}{r_3^4}z^2 \geqslant$$
$$16\left(yz\,\frac{s-a}{R_1^4}+zx\,\frac{s-b}{R_2^4}+xy\,\frac{s-c}{R_3^4}\right) \qquad ④$$

等号均当且仅当 $x=y=z$,$\triangle ABC$ 为正三角形且 P 为其中心时成立.

不等式 ③④ 与不等式 ① 同样优美,但证明要较式 ① 困难一些.

引理 1[2] 设正数 p_1, p_2, p_3 与实数 q_1, q_2, q_3 满足

$$4p_2p_3 > q_1^2,\ 4p_3p_1 > p_2^2,\ 4p_1p_2 > q_3^2$$

及

$$p_1q_1^2+p_2q_2^2+p_3q_3^2+q_1q_2q_3 \leqslant 4p_1p_2p_3 \qquad ⑤$$

则对任意实数 x, y, z 有

$$p_1x^2+p_2y^2+p_3z^2 \geqslant q_1yz+q_2zx+q_3xy \qquad ⑥$$

等号仅当式 ⑤ 取等号且

$$x : y : z = \sqrt{4p_2p_3-q_1^2} : \sqrt{4p_3p_1-q_2^2} : \sqrt{4p_1p_2-q_3^2}$$

时成立.

引理 2　在 $\triangle ABC$ 中成立半对称的不等式

$$(bc)^2 > 4a(s-a)(s-b)(s-c) \tag{7}$$

证明　容易验证恒等式

$$\begin{aligned}&(bc)^2-4a(s-a)(s-b)(s-c)=\\&(s-a)^4+2a(s-a)^3+\\&2(s-b)(s-c)(s-a)^2+\\&[a(s-a)-(s-b)(s-c)]^2\end{aligned} \tag{8}$$

由此立知不等式 ⑦ 成立. 证毕.

引理 3　设 $\triangle ABC$ 的外接圆半径与内切圆半径及半周长分别为 R,r,s 则

$$s^2 \leqslant 4R^2+4Rr+3r^2 \tag{9}$$

等号均当且仅当 $\triangle ABC$ 为正三角形时成立.

式 ⑨ 即为著名的 Gerretsen 不等式之一[3].

引理 4　对 $\triangle ABC$ 内部任一点 P 有

$$\sin\frac{A}{2} \geqslant \frac{\sqrt{r_2r_3}}{R_1}$$

$$\sin\frac{B}{2} \geqslant \frac{\sqrt{r_3r_1}}{R_2}$$

$$\sin\frac{C}{2} \geqslant \frac{\sqrt{r_1r_2}}{R_3}$$

等号分别仅当 PA,PB,PC 平分 $\angle BPC,\angle CPA,\angle APB$ 时成立.

这一引理已在参考资料[1]中用到,证明是很容易的,从略.

引理 5　用 $\sum$ 表示循环和(下同此),其余符号同上,则在 $\triangle ABC$ 中有

$$\sum a^4(s-b)(s-c)=$$
$$4rs^2[(R-2r)s^2+(5R+2r)r^2] \quad ⑩$$

证明　容易验证

$$\sum a^4(s-b)(s-c)=$$
$$s\sum a^5-s^2\sum a^4+abc\sum a^3 \quad ⑪$$

将已知的恒等式

$$abc=4Rrs \quad ⑫$$
$$\sum a^3=2s(s^2-6Rr-3r^3) \quad ⑬$$
$$\sum a^4=2[s^4-(8Rr+6r^2)s^2+(4R+r)^2r^2] \quad ⑭$$
$$\sum a^5=2s[s^4-(10Rr+10r^2)s^2+$$
$$(4R+r)(10R+5r)r^2] \quad ⑮$$

(最后一式见参考资料[4]) 代入式 ⑪,经计算化简即得式 ⑩.

下面,分别来证本章定理所述不等式 ③ 与不等式 ④.

不等式 ③ 的证明　首先,考虑证明三元二次型不等式

$$(s-a)x^2+(s-b)y^2+(s-c)z^2\geqslant$$
$$8\left[yz(s-a)\sin^3\frac{A}{2}+zx(s-b)\sin^3\frac{B}{2}+\right.$$
$$\left.xy(s-c)\sin^3\frac{C}{2}\right] \quad ⑯$$

为此又先证

$$4(s-b)(s-c)>\left[8(s-a)\sin^3\frac{A}{2}\right]^2 \quad ⑰$$

利用半角公式

$$\sin\frac{A}{2}=\frac{\sqrt{(s-b)(s-c)}}{bc} \tag{18}$$

约简知式 ⑰ 等价于

$$(bc)^3>16(s-a)^2(s-b)^2(s-c)^2$$

按引理 2 又知，欲证上式只需证

$$4a(s-a)(s-b)(s-c)bc>$$
$$16(s-a)^2(s-b)^2(s-c)^2$$

约简即

$$abc>4(s-a)(s-b)(s-c)$$

这弱于已知的常见的不等式

$$abc\geqslant 8(s-a)(s-b)(s-c)$$

从而不等式 ⑰ 得证.

根据引理 1 与不等式 ⑰ 及与之相应的另两式可知，欲证式 ⑯ 只需证

$$64\sum(s-a)^3\sin^6\frac{A}{2}+$$
$$(s-a)(s-b)(s-c)\left(8\sin\frac{A}{2}\sin\frac{B}{2}\sin\frac{C}{2}\right)^3\leqslant$$
$$4(s-a)(s-b)(s-c) \tag{19}$$

两边除以 $4(s-a)(s-b)(s-c)$，并利用半角公式 ⑱ 与恒等式

$$\sin\frac{A}{2}\sin\frac{B}{2}\sin\frac{C}{2}=\frac{(s-a)(s-b)(s-c)}{abc} \tag{20}$$

易知，上式等价于

$$16(s-a)^2(s-b)^2(s-c)^2\sum\frac{1}{(bc)^3}+$$
$$128\left[\frac{(s-a)(s-b)(s-c)}{abc}\right]^3\leqslant 1$$

也即

$$16(s-a)^2(s-b)^2(s-c)^2[\sum a^3+$$
$$8(s-a)(s-b)(s-c)]\leqslant(abc)^3$$

利用等式 ⑫⑬ 及已知的恒等式

$$(s-a)(s-b)(s-c)=sr^2 \tag{21}$$

可知上式等价于

$$r(s^2-6Rr-3r^3)+4r^3\leqslant 2R^3$$

变形为

$$(4R^2+4Rr+3r^2-s^2)r+$$
$$2(R-2r)(R^2+r^2)\geqslant 0$$

由引理 3 与 Euler 不等式 $R\geqslant 2r$ 知上式成立，从而不等式 ⑲⑯ 得证.

其次，根据不等式 ⑯ 与引理 4 可知，对任意正数 x,y,z，继而对任意实数 x,y,z 有

$$(s-a)x^2+(s-b)y^2+(s-c)z^2\geqslant$$
$$8yz(s-a)\left[\frac{\sqrt{r_2r_3}}{R_1}\right]^3+$$
$$8zx(s-b)\left[\frac{\sqrt{r_3r_1}}{R_2}\right]^3+$$
$$8xy(s-c)\left[\frac{\sqrt{r_1r_2}}{R_3}\right]^3$$

接着在上式中作置换

$$x\to\frac{x}{r_1^{\frac{3}{2}}},y\to\frac{y}{r_2^{\frac{3}{2}}},z\to\frac{z}{r_3^{\frac{3}{2}}}$$

即得定理的不等式 ③ 且易知其等号成立的条件.

不等式 ④ 的证明　首先，来证二次型不等式

$$(s-a)x^2+(s-b)y^2+(s-c)z^2\geqslant$$
$$16\left[yz(s-a)\sin^4\frac{A}{2}+zx(s-b)\sin^4\frac{B}{2}+\right.$$

$$xy(s-c)\sin^4\frac{C}{2}\Big]\tag{22}$$

为此又先证

$$4(s-b)(s-c)>\left[16(s-a)\sin^4\frac{A}{2}\right]\tag{23}$$

利用半角公式 ⑱ 约简知上式等价于

$$(bc)^4>64(s-a)^2(s-b)^3(s-c)^3$$

由于

$$4(s-b)(s-c)\leqslant a^2$$

故要证上式只需证

$$(bc)^4>16a^2(s-a)^2(s-b)^2(s-c)^2$$

这显然等价于引理 2 的不等式 ⑦,从而不等式 ㉓ 得证.

根据引理 1 与不等式 ㉓ 及与之相应的另两式可知,欲证式 ㉒ 只需证

$$16^2\sum(s-a)^3\sin^8\frac{A}{2}+$$

$$16^3(s-a)(s-b)(s-c)\left(\sin\frac{A}{2}\sin\frac{B}{2}\sin\frac{C}{2}\right)^4\leqslant$$

$$4(s-a)(s-b)(s-c)$$

两边除以 $(s-a)(s-b)(s-c)$ 并利用半角公式 ⑱ 知上式等于

$$16^2(s-a)^2(s-b)^2(s-c)^2\sum\frac{(s-b)(s-c)}{(bc)^4}+$$

$$16^3\left[\frac{(s-a)(s-b)(s-c)}{abc}\right]^4\leqslant 4$$

即

$$64[(s-a)(s-b)(s-c)]^2\cdot$$

$$\left[\sum a^4(s-b)(s-c)+\right.$$

$$16(s-a)^2(s-b)^2(s-c)^2] \leqslant (abc)^4$$

由 ⑫㉑ 两式知上式为

$$64(rs^2)^2[\sum a^4(s-b)(s-c)+16(rs^2)^2] \leqslant (4Rrs)^4$$

简化即

$$\sum a^4(s-b)(s-c) \leqslant 4(R^4-4r^4)s^2$$

由引理 5 又知上式即

$$4rs^2[(R-2r)s^2+(5R+2r)r^2] \leqslant 4(R^4-4r^4)s^2$$

即

$$R^4-r[(R-2r)s^2+(5R+2r)r^2]-4r^4 \geqslant 0$$

此式可等价变形如下

$$(R-2r)[(R-2r)R^2+r(4R^2+4Rr+3r^2-s^2)] \geqslant 0$$

由 Euler 不等式 $R \geqslant 2r$ 与引理 3 的 Gerretsen 不等式可知上式成立，从而不等式 ㉒ 得证.

其次，按引理 4 与不等式 ㉒ 知，对正数 x,y,z，继而对任意实数 x,y,z 有

$$(s-a)x^2+(s-b)y^2+(s-c)z^2 \geqslant$$

$$16yz(s-a)\frac{(r_2r_3)^2}{R_1^4}+16zx(s-b)\frac{(r_3r_1)^2}{R_2^4}+$$

$$16xy(s-c)\frac{(r_1r_2)^2}{R_3^4}$$

作置换

$$x \to \frac{x}{r_1^2}, y \to \frac{y}{r_3^2}, z \to \frac{z}{r_3^2}$$

即得定理的不等式 ④，且易知其等号成立的条件如定理中所述，定理证毕.

最后，我们针对不等式 ③④ 的统一式 ②，经过应用计算机验证提出以下猜想.

猜想　当 $0<k<4$ 时，不等式 ② 成立.

注 易知当 $k=2$ 时不等式 ② 为平凡的结果.

参考资料

[1] 刘健.一个加权的 Erdös-Mordell 型不等式[J].洛阳师范学院学报,2003,21(5):25-28.

[2] 刘健.一类几何不等式的两个结果与若干猜想[J].华东交通大学学报,2002,19(3):89-94.

[3] MITRINOVIČ D S, PECARIĆ J E, VOLENEC V. Recent advances in geometric inequalities[M]. Boston: Kluwer Academic Publishers, 1989.

[4] 李甫英,刘健.关于角平分线的一个不等式链[J].江西电力职工大学学报,2002,15(4):13-15.

第九章 一个 Erdös-Mordell 型不等式的新推广[①]

在参考资料[1]中，刘健教授建立了下述三元二次 Erdös-Mordell 型不等式：设 $\triangle ABC$ 的边 BC,CA,AB 与半周长分别为 $a,b,c,S_{\triangle ABC}$ 内部任一点 P 到顶点 A,B,C 与边 BC,CA,AB 的距离分别为 R_1,R_2,R_3 和 r_1,r_2,r_3，则对任意实数 x,y,z 有

$$\frac{s-a}{r_1}x^2+\frac{s-b}{r_2}y^2+\frac{s-c}{r_3}z^2\geqslant 2\left(yz\frac{s-a}{R_1}+zx\frac{s-b}{R_2}+xy\frac{s-c}{R_3}\right) \quad ①$$

等号仅当 $x:y:z=\sin\frac{A}{2}:\sin\frac{B}{2}:\sin\frac{C}{2}$ 且 P 为 $\triangle ABC$ 内心时成立.

① 摘自《吉林师范大学学报(自然科学版)》

在[2]中,刘健教授又考虑了式 ① 的指数推广

$$\frac{s-a}{r_1^k}x^2+\frac{s-b}{r_2^k}y^2+\frac{s-c}{r_3^k}z^2\geqslant$$
$$2^k\left(yz\,\frac{s-a}{R_1^k}+zx\,\frac{s-b}{R_2^k}+xy\,\frac{s-c}{R_3^k}\right)\qquad ②$$

证明了当 $k=3$ 或 $k=4$ 时上式成立,并猜测式 ② 一般地对满足 $0<k<4$ 的实数 k 成立.

华东交通大学的刘健教授 2005 年将不等式 ① 推广为涉及两个三角形的情形,得到的主要结果是:

定理　对 $\triangle A'B'C'$ 与 $\triangle ABC$ 内部一点 P 及任意实数 x,y,z 有

$$\frac{\cot\frac{A'}{2}}{r_1}x^2+\frac{\cot\frac{B'}{2}}{r_2}y^2+\frac{\cot\frac{C'}{2}}{r_3}z^2\geqslant$$
$$2\left(yz\,\frac{\cot\frac{A}{2}}{R_1}+zx\,\frac{\cot\frac{B}{2}}{R_2}+xy\,\frac{\cot\frac{C}{2}}{R_3}\right)\qquad ③$$

等号仅当 $x:y:z=\sin\frac{A}{2}:\sin\frac{B}{2}:\sin\frac{C}{2}$,$\triangle A'B'C'\backsim\triangle ABC$ 时成立.注意到 $\cot\frac{A}{2}=\frac{s-a}{r}$($r$ 为 $\triangle ABC$ 的内切圆半径)等,即可得不等式 ①.因此,不等式 ③ 推广了不等式 ①.

在证明定理之前,我们先给出两个将要用到的引理.

引理 1　对锐角 $\triangle ABC$ 与任意 $\triangle A'B'C'$ 以及任意实数 x,y,z 有

$$x^2\tan A+y^2\tan B+z^2\tan C\geqslant$$
$$2(yz\sin A'+zx\sin B'+xy\sin C')\qquad ④$$

等号仅当 $\triangle A'B'C'\backsim\triangle ABC$,且 $x:y:z=\sin\frac{A}{2}:$

$\sin\frac{B}{2}:\sin\frac{C}{2}$ 时成立.

不等式 ④ 是一个重要的三元二次型三角形不等式,证明及推广分别可见参考资料[3,4].

引理 2 对 $\triangle ABC$ 内部任一点 P 有

$$\sin\frac{A}{2}\geqslant\frac{\sqrt{r_2r_3}}{R_1},\sin\frac{B}{2}\geqslant\frac{\sqrt{r_3r_1}}{R_2},\sin\frac{C}{2}\geqslant\frac{\sqrt{r_1r_2}}{R_3}$$

其中等号分别仅当 PA,PB,PC 分别平行 $\angle BAC$,$\angle CBA$,$\angle ACB$ 时成立.

上述引理已在参考资料[1,2]中用到,很容易证明,从略.

定理的证明 将引理 1 中的两个三角形互换,则知对锐角 $\triangle A'B'C'$ 与任意 $\triangle ABC$ 有

$$x^2\tan A'+y^2\tan B'+z^2\tan C'\geqslant 2(yz\sin A'+zx\sin B'+xy\sin C') \qquad ⑤$$

再作角变换

$$A'\rightarrow\frac{\pi-A'}{2},B'\rightarrow\frac{\pi-B'}{2},C'\rightarrow\frac{\pi-C'}{2}$$

即得

$$x^2\cot\frac{A'}{2}+y^2\cot\frac{B'}{2}+z^2\cot\frac{C'}{2}\geqslant 2\left(yz\sin\frac{A}{2}\cot\frac{A}{2}+zx\sin\frac{B}{2}\cot\frac{B}{2}+xy\sin\frac{C}{2}\cot\frac{C}{2}\right)$$

于是由引理 2 可知,对非负实数 x,y,z,继而对任意实数 x,y,z 有

$$x^2\cot\frac{A'}{2}+y^2\cot\frac{B'}{2}+z^2\cot\frac{C'}{2}\geqslant$$

$$2\left(yz\frac{\sqrt{r_2r_3}}{R_1}\cot\frac{A}{2}+zx\frac{\sqrt{r_3r_1}}{R_2}\cot\frac{B}{2}+xy\frac{\sqrt{r_1r_2}}{R_3}\cot\frac{C}{2}\right)$$

再作置换

$$x\to\frac{x}{\sqrt{r_1}},y\to\frac{y}{\sqrt{r_2}},z\to\frac{z}{\sqrt{r_3}}$$

就得定理所述不等式③. 容易得知式③中等号成立的条件如定理中所述. 定理证毕.

在定理中令 $\triangle ABC$ 为锐角三角形,且取 P 为其外心,即得:

推论 1　对锐角 $\triangle ABC$ 与 $\triangle A'B'C'$ 以及任意实数 x,y,z 有

$$x^2\frac{\cot\frac{A'}{2}}{\cos A}+y^2\frac{\cot\frac{B'}{2}}{\cos B}+z^2\frac{\cot\frac{C'}{2}}{\cos C}\geqslant 2\left(yz\cot\frac{A}{2}+zx\cot\frac{B}{2}+xy\cot\frac{C}{2}\right) \quad ⑥$$

上式显然推广了参考资料[1]中推论 3 的不等式

$$\frac{s-a}{\cos A}x^2+\frac{s-b}{\cos B}y^2+\frac{s-c}{\cos C}z^2\geqslant 2[yz(s-a)+zx(s-b)+xy(s-c)] \quad ⑦$$

在式③中令 P 为 $\triangle ABC$ 的共轭重心,则有

$$r_1=\frac{2a\Delta}{a^2+b^2+c^2},R_1=\frac{2bcm_a}{a^2+b^2+c^2}$$

(其中,Δ 为 $\triangle ABC$ 的面积,m_a 为边 a 上的中线)等,从而有

$$\frac{\cot\frac{A'}{2}}{2a\Delta}x^2+\frac{\cot\frac{B'}{2}}{2b\Delta}y^2+\frac{\cot\frac{C'}{2}}{2c\Delta}z^2\geqslant$$

$$yz\frac{\cot\dfrac{A}{2}}{bcm_a}+zx\frac{\cot\dfrac{B}{2}}{cam_b}+xy\frac{\cot\dfrac{C}{2}}{abm_c}$$

两边乘以 abc，然后利用 $\Delta=\frac{1}{2}bc\sin A$ 及恒等式

$$\frac{a}{m_a}\cot\frac{A}{2}=\frac{r_b+r_c}{m_a} \tag{8}$$

（其中 r_a,r_b,r_c 为 $\triangle ABC$ 相应边上的旁切圆半径）等，即得

$$x^2\frac{\cot\dfrac{A'}{2}}{\sin A}+y^2\frac{\cot\dfrac{B'}{2}}{\sin B}+z^2\frac{\cot\dfrac{C'}{2}}{\sin C}\geqslant$$
$$yz\frac{r_b+r_c}{m_a}+zx\frac{r_c+r_a}{m_b}+yz\frac{r_a+r_b}{m_c} \tag{9}$$

在锐角三角形中，容易证明二元对称不等式

$$r_b+r_c\geqslant 2m_a \tag{10}$$

据此及式⑨易得：

推论 2 对锐角 $\triangle ABC$ 与任意 $\triangle A'B'C'$ 及实数 x,y,z 有

$$x^2\frac{\cot\dfrac{A'}{2}}{\sin A}+y^2\frac{\cot\dfrac{B'}{2}}{\sin B}+z^2\frac{\cot\dfrac{C'}{2}}{\sin C}\geqslant$$
$$2(yz+zx+xy) \tag{11}$$

事实上，刘健教授还证明了上式对任意 $\triangle ABC$ 都成立，这将在另文中讨论.

下面，我们应用定理来推导一个有关三角形内部任意两点的一个二次型不等式.

由引理 2 所述第一个不等式以及简单的已知不等式 $2\sqrt{bc}\sin\frac{A}{2}\leqslant a$，可知

$$4bcr_2r_3\leqslant(aR_1)^2 \tag{12}$$

下设 $\triangle ABC$ 内部任一点 Q 到顶点 A,B,C 与边 BC,CA,AB 的距离分别为 D_1,D_2,D_3,d_1,d_2,d_3，则按式 ⑫ 知

$$4bcd_2d_3 \leqslant (aD_1)^2, 4cad_3d_1 \leqslant (bD_2)^2$$
$$4abd_1d_2 \leqslant (cD_3)^2$$

在定理的不等式 ③ 中作置换

$$x \to \frac{x}{aD_1}, y \to \frac{y}{bD_2}, z \to \frac{z}{cD_3}$$

然后利用上面的三个不等式，就知对非负实数 x,y,z，继而对任意实数 x,y,z 有

$$\frac{\cot \frac{A'}{2}}{ad_1r_1}x^2 + \frac{\cot \frac{B'}{2}}{bd_2r_2}y^2 + \frac{\cot \frac{C'}{2}}{cd_3r_3}z^2 \geqslant$$
$$4\left(yz\frac{\cot \frac{A}{2}}{aD_1R_1} + zx\frac{\cot \frac{B}{2}}{bD_2R_2} + xy\frac{\cot \frac{C}{2}}{cD_3R_3}\right) \quad ⑬$$

再令 $\triangle A'B'C' \backsim \triangle ABC$，即得：

推论 3　对 $\triangle ABC$ 内部任意两点 P 与 Q 及任意实数 x,y,z 有

$$\frac{\csc^2 \frac{A}{2}}{d_1r_1}x^2 + \frac{\csc^2 \frac{B}{2}}{d_2r_2}y^2 + \frac{\csc^2 \frac{C}{2}}{d_3r_3}z^2 \geqslant$$
$$4\left(yz\frac{\csc^2 \frac{A}{2}}{D_1R_1} + zx\frac{\csc^2 \frac{B}{2}}{D_2R_2} + xy\frac{\csc^2 \frac{C}{2}}{D_3R_3}\right) \quad ⑭$$

在上式中，令点 Q 重合于点 P，则得：

推论 4　对 $\triangle ABC$ 内部任一点 P 及实数 x,y,z 有

$$\frac{x^2}{\left(r_1\sin\frac{A}{2}\right)^2} + \frac{y^2}{\left(r_2\sin\frac{B}{2}\right)^2} + \frac{z^2}{\left(r_3\sin\frac{C}{2}\right)^2} \geqslant$$

$$\frac{4yz}{\left(R_1\sin\frac{A}{2}\right)^2}+\frac{4zx}{\left(R_2\sin\frac{B}{2}\right)^2}+\frac{4xy}{\left(R_3\sin\frac{C}{2}\right)^2} \quad ⑮$$

在上式中令 P 为 $\triangle ABC$ 的内心，则得：

推论 5 对 $\triangle ABC$ 与任意实数 x,y,z 有

$$\frac{x^2}{\sin^2\frac{A}{2}}+\frac{y^2}{\sin^2\frac{B}{2}}+\frac{z^2}{\sin^2\frac{C}{2}}\geqslant$$

$$4(yz+zx+xy) \quad ⑯$$

在式 ⑬ 中取

$$x=\left(\sin\frac{A}{2}\right)^{\frac{3}{2}},y=\left(\sin\frac{B}{2}\right)^{\frac{3}{2}},z=\left(\sin\frac{C}{2}\right)^{\frac{3}{2}}$$

然后利用已知简单的不等式

$$\sin\frac{A}{2}+\sin\frac{B}{2}+\sin\frac{C}{2}\leqslant\frac{3}{2} \quad ⑰$$

即得：

推论 6 在 $\triangle ABC$ 中有

$$\left(\sin\frac{B}{2}\sin\frac{C}{2}\right)^{\frac{3}{2}}+\left(\sin\frac{C}{2}\sin\frac{A}{2}\right)^{\frac{3}{2}}+$$

$$\left(\sin\frac{A}{2}\sin\frac{B}{2}\right)^{\frac{3}{2}}\leqslant\frac{3}{8} \quad ⑱$$

直接证明以上不等式是很困难的. 吴善和曾应用微积分证明了稍强一些的结果(见参考资料[5])

$$\left(\sin\frac{B}{2}\sin\frac{C}{2}\right)^k+\left(\sin\frac{C}{2}\sin\frac{A}{2}\right)^k+$$

$$\left(\sin\frac{A}{2}\sin\frac{B}{2}\right)^k\leqslant\frac{3}{4^k} \quad ⑲$$

其中 $k=\log_2 3\approx 1.584\cdots$，是使上式成立的最大值.

在推论 4 的不等式 ⑮ 的启发下，我们考虑了三元二次不等式

$$x^2\left(R_1\sin\frac{A}{2}\right)^k+y^2\left(R_2\sin\frac{B}{2}\right)^k+z^2\left(R_3\sin\frac{C}{2}\right)^k\geqslant$$
$$2^k\left[yz\left(r_1\sin\frac{A}{2}\right)^k+zx\left(r_2\sin\frac{B}{2}\right)^k+xy\left(r_3\sin\frac{C}{2}\right)^k\right]$$

⑳

成立的可能，结果发现 $k=\frac{1}{2}$ 时上式很可能成立. 注意到引理 2 的第一个不等式可加强为(见参考资料[6])

$$2R_1\sin\frac{A}{2}\geqslant r_2+r_3 \quad ㉑$$

这促使刘健教授考虑了 ⑱ 的加强式

$$x^2\sqrt{r_2+r_3}+y^2\sqrt{r_3+r_1}+z^2\sqrt{r_1+r_2}\geqslant$$
$$\sqrt{2}\left(yz\sqrt{r_1\sin\frac{A}{2}}+zx\sqrt{r_2\sin\frac{B}{2}}+xy\sqrt{r_3\sin\frac{C}{2}}\right)$$

㉒

进而发现上式不仅成立，而且上式中的 r_1,r_2,r_3 很可能可以换成任意的三个正数，从而提出以下有关三角形与任意三个正数的三元二次型不等式猜想：

猜想 1 对 $\triangle ABC$ 与任意正数 u,v,w 以及任意实数 x,y,z 有

$$x^2\sqrt{v+w}+y^2\sqrt{w+u}+z^2\sqrt{u+v}\geqslant$$
$$2\left(yz\sqrt{u\sin\frac{A}{2}}+zx\sqrt{v\sin\frac{B}{2}}+xy\sqrt{w\sin\frac{C}{2}}\right) \quad ㉓$$

如果上式成立，则由 ㉑ 即知

$$x^2\sqrt{R_2+R_3}+y^2\sqrt{R_3+R_1}+z^2\sqrt{R_1+R_2}\geqslant$$
$$\sqrt{2}(yz\sqrt{r_2+r_3}+zx\sqrt{r_3+r_1}+xy\sqrt{r_1+r_2}) \quad ㉔$$

事实上，由参考资料[7] 指出的不等式

$$x^2(R_2+R_3)+y^2(R_3+R_1)+z^2(R_1+R_2)\geqslant$$
$$\sqrt{2}[yz(r_2+r_3)+zx(r_3+r_1)+xy(r_1+r_2)] \quad ㉕$$

与三元二次型不等式的“降幂定理”可知不等式 ㉔ 是成立的. 这也表明不等式 ㉓ 有成立的可能.

在不等式 ㉔ 的启发下,我们提出了类似的一个猜想:

猜想 2 对 $\triangle ABC$ 内部任一点 P 与任意实数 x, y, z 有

$$x^2\sqrt{R_2+R_3}+y^2\sqrt{R_3+R_1}+z^2\sqrt{R_1+R_2}\geqslant 2(yz\sqrt{r_1}+zx\sqrt{r_2}+xy\sqrt{r_3}) \quad ㉖$$

上式又启发刘健教授提出了形式上与之完全相似的下述猜想不等式:

猜想 3 对 $\triangle ABC$ 内部任一点 P 与任意实数 x, y, z 有

$$x^2\sqrt{R_b+R_c}+y^2\sqrt{R_c+R_a}+z^2\sqrt{R_a+R_b}\geqslant 2(yz\sqrt{r_1}+zx\sqrt{r_2}+xy\sqrt{r_3}) \quad ㉗$$

其中 R_a, R_b, R_c 分别表示 $\triangle BPC$, $\triangle CPA$, $\triangle APB$ 的外接圆半径.

计算机的验证极力支持以上三个猜想成立.

参 考 资 料

[1] 刘健. 一个加权的 Erdös-Mordell 型不等式[J]. 洛阳师范学院学报,2002,21(5):25-28.

[2] 刘健. 一个加权的 Erdös-Mordell 型不等式的指数推广 [J]. 信阳师范学院学报,2004,17(3):266-268.

[3] 刘健. 一个二次型三角不等式的证明及应用[J].

数学通讯,1998,9:26-28.

[4] 刘健.涉及多个三角形的不等式[J].湖南数学年刊,1995,15(4):29-41.

[5] 吴善和.Child 不等式的推广[J].甘肃教育学院学报,2001,15(1):8-10.

[6] BOTTEMA O.几何不等式[M].单墫,译.北京:北京大学出版社,1991.

[7] 刘健.一个新的三元二次型 Erdös-Mordell 型不等式[J].华东交通大学学报,2003,20(5):123-125.

第十章 Erdös-Mordell 不等式在垂心处的一个精细①

设 P 为 $\triangle ABC$ 内部或边上一点，P 到三边距离为 PD，PE，PF，则

$$PD+PE+PF\leqslant\frac{1}{2}(PA+PB+PC)$$

当且仅当 $\triangle ABC$ 为正三角形，且 P 为三角形中心时等号成立[1].

此即著名的 Erdös-Mordell 不等式，众所周知，它是一个很强的不等式，由它可以推出许多不等式来. 金华职业技术学院的黄可翁教授 2005 年通过研究发现，在非钝角三角形的垂心处可以得到 Erdös-Mordell 不等式的一个精细，从而得到一组几何意义清楚的不等式链与此不等式链的一个上界.

① 摘自《金华职业技术学院学报》，2005，6(2)：53-55.

下面在引理的证明过程中要用到以下几个 $\triangle ABC$ 中的三角不等式：

(1) $\cos A\cos B\cos C\leqslant\sin\frac{A}{2}\sin\frac{B}{2}\sin\frac{C}{2}$[2]；

(2) $\sin\frac{A}{2}\sin\frac{B}{2}\sin\frac{C}{2}\leqslant\frac{1}{8}$；

(3) 在非钝角 $\triangle ABC$ 中

$$\sin A\sin B+\sin B\sin C+\sin C\sin A\leqslant$$
$$(\cos A+\cos B+\cos C)^2\leqslant$$
$$\sin^2 A+\sin^2 B+\sin^2 C$$[3]

(4) $\cos A+\cos B+\cos C\leqslant\frac{3}{2}$.

记 $\triangle ABC$ 外接圆半径为 R，内切圆半径为 r.

引理 1　设非钝角 $\triangle ABC$ 的垂心为 H，内心为 I，到三边的距离分别为 HD,HE,HF 和 ID_1,IE_1,IF_1，则

$$HD+HE+HF\leqslant ID_1+IE_1+IF_1 \qquad ①$$

证明　由于 H 和 I 分别为非钝角 $\triangle ABC$ 的垂心和内心，易知

$$HD+HE+HF=$$
$$2R(\cos A\cos B+\cos B\cos C+\cos C\cos A)$$
$$ID_1+IE_1+IF_1=3r$$

而

$$r=4R\sin\frac{A}{2}\sin\frac{B}{2}\sin\frac{C}{2}$$

因此

$$ID_1+IE_1+IF_1=12R\sin\frac{A}{2}\sin\frac{B}{2}\sin\frac{C}{2}$$

从而不等式 ① 等价于

$$\cos A\cos B+\cos B\cos C+\cos C\cos A\leqslant 6\sin\frac{A}{2}\sin\frac{B}{2}\sin\frac{C}{2} \quad ②$$

而

$$\begin{aligned}
&\cos A\cos B+\cos B\cos C+\cos C\cos A-\\
&6\sin\frac{A}{2}\sin\frac{B}{2}\sin\frac{C}{2}=\\
&\frac{1}{2}[(\cos A+\cos B+\cos C)^2-\\
&(\cos^2 A+\cos^2 B+\cos^2 C)]-\\
&6\sin\frac{A}{2}\sin\frac{B}{2}\sin\frac{C}{2}=\\
&\frac{1}{2}[(4\sin\frac{A}{2}\sin\frac{B}{2}\sin\frac{C}{2}+1)^2-\\
&(1-2\cos A\cos B\cos C)]-\\
&6\sin\frac{A}{2}\sin\frac{B}{2}\sin\frac{C}{2}=\\
&8\sin^2\frac{A}{2}\sin^2\frac{B}{2}\sin^2\frac{C}{2}-\\
&2\sin\frac{A}{2}\sin\frac{B}{2}\sin\frac{C}{2}+\cos A\cos B\cos C
\end{aligned}$$

利用不等式(1),就有

$$\begin{aligned}
&\cos A\cos B+\cos B\cos C+\cos C\cos A-\\
&6\sin\frac{A}{2}\sin\frac{B}{2}\sin\frac{C}{2}\leqslant
\end{aligned}$$

$$8\sin^2\frac{A}{2}\sin^2\frac{B}{2}\sin^2\frac{C}{2}-\sin\frac{A}{2}\sin\frac{B}{2}\sin\frac{C}{2}=$$

$$8\sin\frac{A}{2}\sin\frac{B}{2}\sin\frac{C}{2}\left(\sin\frac{A}{2}\sin\frac{B}{2}\sin\frac{C}{2}-\frac{1}{8}\right)$$

再利用不等式(2),即知不等式②成立,从而不等式①成立,引理1获证.

引理2 设非钝角$\triangle ABC$的内心为I,重心为G,到三边的距离分别为ID_1,IE_1,IF_1和GD_2,GE_2,GF_2,则

$$ID_1+IE_1+IF_1\leqslant GD_2+GE_2+GF_2 \qquad ③$$

证明 由于G为$\triangle ABC$之重心,易知

$$GD_2+GE_2+GF_2=$$

$$\frac{2}{3}R(\sin A\sin B+\sin B\sin C+\sin C\sin A)$$

而已知

$$ID_1+IE_1+IF_1=12R\sin\frac{A}{2}\sin\frac{B}{2}\sin\frac{C}{2}$$

因此,不等式③等价于

$$18\sin\frac{A}{2}\sin\frac{B}{2}\sin\frac{C}{2}\leqslant$$

$$\sin A\sin B+\sin B\sin C+\sin C\sin A \qquad ④$$

而

$$18\sin\frac{A}{2}\sin\frac{B}{2}\sin\frac{C}{2}-$$

$$(\sin A\sin B+\sin B\sin C+\sin C\sin A)=$$

$$6\sin\frac{A}{2}\sin\frac{B}{2}\sin\frac{C}{2}-$$

$$4\left(\sin^2\frac{A}{2}\sin^2\frac{B}{2}+\sin^2\frac{B}{2}\sin^2\frac{C}{2}+\sin^2\frac{C}{2}\sin^2\frac{A}{2}\right)=$$

$$\frac{3}{2}(\cos A+\cos B+\cos C-1)-$$

$$[3-2(\cos A+\cos B+\cos C)+$$

$$(\cos A\cos B+\cos B\cos C+\cos C\cos A)]=$$

$$\frac{7}{2}(\cos A+\cos B+\cos C)-$$

$$\frac{1}{2}(\cos A+\cos B+\cos C)^2-$$

$$\frac{1}{2}(\sin^2 A+\sin^2 B+\sin^2 C)-3$$

利用不等式(3),就有

$$18\sin\frac{A}{2}\sin\frac{B}{2}\sin\frac{C}{2}-$$

$$(\sin A\sin B+\sin B\sin C+\sin C\sin A)\leqslant$$

$$-(\cos A+\cos B+\cos C)^2+$$

$$\frac{7}{2}(\cos A+\cos B+\cos C)-3=$$

$$-\left(\cos A+\cos B+\cos C-\frac{3}{2}\right)\cdot$$

$$(\cos A+\cos B+\cos C-2)$$

再利用不等式(4),即知不等式 ④ 成立,从而不等式 ③ 成立,引理 2 获证.

引理3 设非钝角 $\triangle ABC$ 的重心为G,垂心为 H,G 到三边的距离为 GD_2,GE_2,GF_2,则

$$GD_2+GE_2+GF_2\leqslant\frac{1}{2}(HA+HB+HC) \quad ⑤$$

证明 已知

$$GD_2+GE_2+GF_2=$$

$$\frac{2}{3}R(\sin A\sin B+\sin B\sin C+\sin C\sin A)$$

而 H 为 $\triangle ABC$ 的垂心,易知

$$HA+HB+HC=2R(\cos A+\cos B+\cos C)$$

因此,不等式 ⑤ 等价于

$$\frac{2}{3}(\sin A\sin B+\sin B\sin C+\sin C\sin A)\leqslant$$

$$\cos A\cos B\cos C \qquad ⑥$$

利用不等式(3),就有

$$\frac{2}{3}(\sin A\sin B+\sin B\sin C+\sin C\sin A)-$$

$$(\cos A\cos B\cos C)\leqslant$$

$$\frac{2}{3}(\cos A+\cos B+\cos C)^2-(\cos A+\cos B+\cos C)=$$

$$\frac{2}{3}(\cos A+\cos B+\cos C)(\cos A+\cos B+\cos C-\frac{2}{3})$$

再利用不等式(4),即知不等式 ⑥ 成立,从而不等式 ⑤ 成立,引理 3 获证.

引理4 设非钝角 $\triangle ABC$ 的垂心为 H,外心为 O,则

$$\frac{1}{2}(HA+HB+HC)\leqslant\frac{1}{2}(OA+OB+OC) \qquad ⑦$$

证明 因为

$$\frac{1}{2}(HA+HB+HC)=R(\cos A+\cos B+\cos C)$$

$$\frac{1}{2}(OA+OB+OC)=\frac{3}{2}R$$

所以不等式 ⑦ 等价于

$$\cos A+\cos B+\cos C\leqslant\frac{3}{2} \tag{8}$$

而不等式 ⑧ 即不等式(4),显然成立,引理 4 获证.

综合以上四个引理,我们就有:

定理 1 设 H,I,G,O 分别为非钝角 $\triangle ABC$ 的垂心、内心、重心和外心,它们到三边的距离分别为 HD,HE,HF,ID_1,IE_1,IF_1 和 GD_2,GE_2,GF_2,则

$$\begin{aligned}HD+HE+HF&\overset{(1)}{\leqslant}ID_1+IE_1+IF_1\overset{(2)}{\leqslant}\\&GD_2+GE_2+GF_2\overset{(3)}{\leqslant}\\&\frac{1}{2}(HA+HB+HC)\overset{(4)}{\leqslant}\\&\frac{1}{2}(OA+OB+OC)\end{aligned}$$

当且仅当 $\triangle ABC$ 为正三角形时等号同时成立.

至此不难看出,上述不等式链中的(1) ~ (3) 是 Erdös-Mordell 不等式在垂心处的精细,而不等式(4) 即为此不等式链的一个上界.

纵观以上四个引理的证明过程,我们还可得到如下的三角不等式链:

定理 2 设 $\triangle ABC$ 为非钝角三角形,则

$$2(\cos A\cos B+\cos B\cos C+\cos C\cos A)\leqslant$$

$$12\sin\frac{A}{2}\sin\frac{B}{2}\sin\frac{C}{2}\leqslant$$

$$\frac{2}{3}(\sin A\sin B+\sin B\sin C+\sin C\sin A)\leqslant$$

$$\cos A+\cos B+\cos C\leqslant\frac{2}{3}$$

华东交通大学的刘健教授 2019 年 8 月 27 日提出了一个猜想.

猜想　设 P 为凸多边形 $A_1A_2\cdots A_n(n>3)$ 内部任意一点,又设

$$PA_i=R_i\quad(i=1,2,\cdots,n)$$

$$R_{n+1}=R_1$$

$$A_iA_{i+1}=a_i\quad(i=1,2,\cdots,n\text{ 且 }A_{n+1}=A_1)$$

试证明或否定:

$$2\cos\frac{\pi}{n}\sum_{i=1}^{n}R_i\geqslant\sum_{i=1}^{n}\sqrt{(R_i+R_{i+1})^2-a_i^2}$$

注 1　容易证明上式强于 Ozeki 在 1957 年首先建立的凸多边形的 Erdös-Mordell 不等式

$$\cos\frac{\pi}{n}\sum_{i=1}^{n}R_i\geqslant\sum_{i=1}^{n}r_i$$

其中,$r_1,r_2,\cdots,r_n$ 是点 P 到边 $A_1A_2,A_2A_3,\cdots,A_nA_1$ 的距离.

注 2　刘健教授证明了上述猜想不等式 $n=3$ 的情形,参见 https://www.mdpi.com/2227-7390/7/8/726

注 3　第一位正确解决上述猜想者将获得刘健教授提供的 2000 元奖金.

参考资料

[1] 单墫. 几何不等式[M]. 上海：上海教育出版社，1980.

[2] 钟威. 数学问题解答 846 题[J]. 教学通报，1993(9)：47.

[3] 黄可翁. 魏琴伯克不等式的若干加强及一组三角不等式链[J]. 中学教研，1997(10)：22-25.

第四编

在高维空间与球面上的 Erdös-Mordell 不等式

具有 Fermat 点的单形的性质与 Erdös-Mordell 不等式的高维推广[①]

第十一章

扬州大学数学系左铨如教授 1992 年探讨了具有 Fermat 点 F 的单形 $\Delta=\{P_0,P_1,\cdots,P_n\}$ 的若干性质，得到了空间 E^n 中任一点 M 到单形的顶点距离之和的不等式；并将 Erdös-Mordell 不等式推广到 n 维欧氏空间 $E^n(n\geqslant 3)$.

在 n 维欧氏空间 E^n 中，$n+1$ 个无关点组所构成的单形 $\Delta_n=\{P_0,P_1,\cdots,P_n\}$，若存在一点 $F\in E^n$（记 $|\overrightarrow{FP_i}|=R_i>0$）满足条件

$$\sum_{i=0}^{n}\frac{1}{R_i}\overrightarrow{FP_i}=\mathbf{0} \quad ①$$

则称点 F 为单形 Δ_n 的 Fermat 点.

---

① 摘自《扬州大学学报(自然科学版)》，1992，12(3)：26-32.

显然，由式 ① 得

$$\overrightarrow{OF}=\frac{\sum_{i=0}^{n}\frac{1}{R_i}\overrightarrow{OP_i}}{\sum_{i=0}^{n}\frac{1}{R_i}}$$

因此点 F 的重心坐标为$\left(\frac{1}{R_0},\frac{1}{R_1},\cdots,\frac{1}{R_n}\right)\Big/\sum_{i=0}^{n}\frac{1}{R_i}$. 可见若 Fermat 点存在，必在单形的内部. 若一点既是单形的 Fermat 点，又是该单形的外心，则此点必为单形的重心.

定理 1 若一点 F 既是单形的重心，又是该单形的外心，则 F 必为单形的 Fermat 点.

证明 因 F 是单形 Δ_n 的重心，有

$$\overrightarrow{OF}=\frac{1}{n+1}\sum_{i=0}^{n}\overrightarrow{OP_i}$$

又 F 是该单形的外心，有 $|FP_i|=R(i=0,1,2,\cdots,n)$，所以

$$\sum_{i=0}^{n}\frac{\overrightarrow{FP_i}}{|FP_i|}=\frac{1}{R}\sum_{i=0}^{n}(\overrightarrow{OP_i}-\overrightarrow{OF})=$$

$$\frac{1}{R}\left[\sum_{i=0}^{n}\overrightarrow{OP_i}-(n+1)\overrightarrow{OF}\right]=\mathbf{0}$$

即式 ① 成立. 故 F 是单形的 Fermat 点.

定理 2 给定一个单形 $\Delta_n=\{P_0,P_1,\cdots,P_n\}$，若存在一点 P，$\angle P_iPP_j=\theta_{ij}$.

满足方程组

$$\begin{cases}1+\cos\theta_{01}+\cos\theta_{02}+\cdots+\cos\theta_{0n}=0\\ \cos\theta_{01}+1+\cos\theta_{12}+\cdots+\cos\theta_{1n}=0\\ \qquad\vdots\\ \cos\theta_{0n}+\cos\theta_{1n}+\cos\theta_{2n}+\cdots+1=0\end{cases}\qquad ②$$

则点 P 是 Δ_n 的 Fermat 点，反之亦然.

证明　记 $\frac{\overrightarrow{PP_i}}{|PP_i|}=\boldsymbol{e}_i$，则 $\cos\theta_{ij}=\boldsymbol{e}_i\cdot\boldsymbol{e}_j$，代入方程组 ② 得

$$\begin{cases}\boldsymbol{e}_0\cdot\sum\limits_{i=0}^{n}\boldsymbol{e}_i=0\\ \quad\vdots\\ \boldsymbol{e}_i\cdot\sum\limits_{i=0}^{n}\boldsymbol{e}_i=0\\ \quad\vdots\\ \boldsymbol{e}_n\cdot\sum\limits_{i=0}^{n}\boldsymbol{e}_i=0\end{cases}$$

相加得 $(\sum\limits_{i=0}^{n}\boldsymbol{e}_i)^2=0$，故 $\sum\limits_{i=0}^{n}\frac{\overrightarrow{PP_i}}{|PP_i|}=\mathbf{0}$，点 P 是 Δ_n 的 Fermat 点，反之显然成立.

显然，正则单形的中心必是 Fermat 点，这时有 $\cos\theta_{ij}=-\frac{1}{n}(0\leqslant i<j\leqslant n)$. 在正则单形的中心到各顶点所引的射线上任取一点 P_i，所构成的单形 $\{P_0,P_1,\cdots,P_n\}$ 称为正规单形. 显然与正规单形所对应的正则单形的中心，就是这个正规单形的 Fermat 点.

需要指出，具有 Fermat 点的单形不一定都是正规的. 例如，外接球半径为 1 的等面四面体，若棱长

$$\rho_{01}=\rho_{23}=\sqrt{2},\rho_{02}=\rho_{13}=\rho_{03}=\rho_{12}=\sqrt{3}$$

则

$$\theta_{01}=\theta_{23}=90^\circ,\theta_{02}=\theta_{13}=\theta_{03}=\theta_{12}=120^\circ$$

这个四面体并不是正规的，但它的外心是 Fermat 点.

还要指出，方程组 ② 对于 $n=2$ 有唯一确定的解 $\theta_{ij}=120^\circ(i\neq j)$，即对于内角小于 120° 的三角形都是正规的，存在唯一的 Fermat 点. 但对于 $n=3,4,\cdots$，方

程组 ② 中有 $\frac{1}{2}n(n+1)$ 个角 θ_{ij} 而只有 $n+1$ 个方程，若Fermat点存在，是否唯一呢？左铨如教授猜测是唯一的，但不知如何证明.

下面仅对具有 Fermat 点的单形，讨论它的性质.

定理 3(Fermat 点的极小性)　若 F 是单形 $\Delta_n=\{P_0,P_1,\cdots,P_n\}$ 的Fermat点，则对于 E^n 中任一点 M，恒有

$$\sum_{i=0}^{n}|MP_i|\geqslant\sum_{i=0}^{n}|FP_i| \tag{③}$$

其中等号成立的充要条件是点 M 与 F 的重合.

证明　记 $\frac{\overrightarrow{FP_i}}{|FP_i|}=\boldsymbol{e}_i$，则

$$|\boldsymbol{e}_i|=1,\boldsymbol{e}_i=\boldsymbol{0}$$

$$\begin{aligned}\sum_{i=0}^{n}|MP_i|=&\sum_{i=0}^{n}|\boldsymbol{e}_i||\overrightarrow{MP_i}|\geqslant\\&\sum_{i=0}^{n}|\boldsymbol{e}_i\cdot\overrightarrow{MP_i}|\geqslant\\&\left|\sum_{i=0}^{n}(\boldsymbol{e}_i\cdot\overrightarrow{MP_i})\right|=\\&\left|\sum_{i=0}^{n}\boldsymbol{e}_i\cdot(\overrightarrow{MF}+\overrightarrow{FP_i})\right|=\\&\left|\overrightarrow{MF}\cdot\sum\boldsymbol{e}_i+\sum_{i=0}^{n}(\boldsymbol{e}_i\cdot\overrightarrow{FP_i})\right|=\\&\left|\sum_{i=0}^{n}(\boldsymbol{e}_i\cdot\overrightarrow{FP_i})\right|=\sum_{i=0}^{n}|FP_i|\end{aligned}$$

定理 4　若 F 是单形 $\Delta_n=\{P_0,P_1,\cdots,P_n\}$ 的Fermat 点，射线 P_iF 交单形的侧面于 T_i，记

$$|FP_i|=R_i,|FT_i|=T_i$$

则有

(1) $\frac{1}{t_i}=\sum_{j=0}^{n}\frac{1}{R_j}-\frac{1}{R_i}$;

(2) $\sum_{i=0}^{n}\frac{1}{t_i}=n\sum_{j=0}^{n}\frac{1}{R_j}$;

(3) $\sum_{i=0}^{n}|FP_i|\geqslant n\sum_{i=0}^{n}|FT_i|$,等号当且仅当 Fermat 点与 Δ_n 的外心重合时成立.

证明　记$\overrightarrow{FP_j}=R_j\boldsymbol{e}_i$,则$\sum_{j=0}^{n}\boldsymbol{e}_j=\boldsymbol{0}$.

因为点 T_0 在侧面 $P_1P_2\cdots P_n$ 内,所以

$$\overrightarrow{FT_0}=\lambda_1\overrightarrow{FP_1}+\lambda_2\overrightarrow{FP_2}+\cdots+\lambda_n\overrightarrow{FP_n}$$

其中 $\lambda_1+\lambda_2+\cdots+\lambda_n=1$,即

$$-t_0\boldsymbol{e}_0=\lambda_1R_1\boldsymbol{e}_1+\lambda_2R_2\boldsymbol{e}_2+\cdots+\lambda_nR_n\boldsymbol{e}_n$$

因为

$$-t_0\boldsymbol{e}_0=t_0(\boldsymbol{e}_1+\boldsymbol{e}_2+\cdots+\boldsymbol{e}_n)$$

又 $\boldsymbol{e}_1,\boldsymbol{e}_2,\cdots,\boldsymbol{e}_n$ 线性无关,故 $\lambda_i=\frac{t_0}{R_i}$,所以有

$$\frac{t_0}{R_1}+\frac{t_0}{R_2}+\cdots+\frac{t_0}{R_n}=1$$

(1) 中 $i=0$ 的情形获证,其余类推.

由(1) 求和便得(2).

再运用算术 - 调和平均不等式得

$$t_i=\frac{1}{\sum_{j\neq i}\frac{1}{R_j}}\leqslant\frac{1}{n_2}\Big(\sum_{j=0}^{n}R_j-R_i\Big)$$

故

$$\sum_{i=0}^{n}t_i\leqslant\frac{1}{n^2}\Big[(n+1)\sum_{j=0}^{n}R_j-\sum_{i=0}^{n}R_i\Big]=\frac{1}{n}\sum_{i=0}^{n}R_i$$

即有

$$\sum_{i=0}^{n}|FP_i|\geqslant n\sum_{i=0}^{n}|FT_i|$$

其中等号成立的充要条件是 $R_0=R_1=\cdots=R_n$ 即单形的 Fermat 点与外心重合.

定理 5 若 F 是单形 $\Delta_n=\{P_0,P_1,\cdots,P_n\}$ 的 Fermat 点,以 F 为球心作 $n-1$ 维单位球面交射线 FP_i 于点 $E_i(i=0,1,\cdots,n)$. 设单 $\Delta_n\{P_0,\cdots,P_{i-1},F,P_{i+1},\cdots,P_n\}$ 和 $\{E_0,E_1,\cdots,E_n\}$ 的体积分别为 V,V_i 和 $V(E)$,则有(记 $|FP_i|=R_i$)

(1) $V_0R_0=V_1R_1=\cdots=V_nR_n=\dfrac{V}{\sum\limits_{j=0}^{n}\dfrac{1}{R_j}}$;

(2) $R_0R_1\cdots R_n\sum\limits_{i=0}^{n}\dfrac{1}{R_i}=(n+1)\dfrac{V}{V(E)}$;

(3) $\sum\limits_{i=0}^{n}|FP_i|\geqslant(n+1)\left[\dfrac{V}{V(E)}\right]^{\frac{1}{n}}$,其中等号当且仅当 Δ_n 的 Fermat 点与外心重合时成立

$$V(E)\leqslant\frac{1}{n!}\sqrt{\frac{(n+1)^{n+1}}{n^n}}$$

证明 设 P_iF 交单形 Δ_n 的侧面于 T_i,记 $|FT_i|=t_i$,则

$$\frac{V}{V_i}=\frac{|P_iT_i|}{|FT_i|}=\frac{R_i+t_i}{t_i}=R_i\left(\sum_{j=0}^{n}\frac{1}{R_j}-\frac{1}{R_i}\right)+1=R_i\sum_{j=0}^{n}\frac{1}{R_j}$$

故

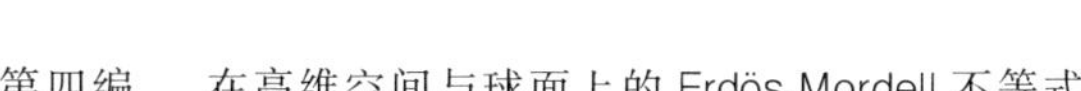

$$V_iR_i=\frac{V}{\sum\limits_{j=0}^{n}\frac{1}{R_j}}$$

式(1) 成立.

因为

$$V_iR_i=V_0R_0=\frac{R_0}{n!}\mid\overrightarrow{FP_1}\wedge\overrightarrow{FP_2}\wedge\cdots\wedge\overrightarrow{FP_n}\mid^{[1]}=$$

$$\frac{1}{n!}R_0R_1R_2\cdots R_n\mid\boldsymbol{e}_1\wedge\boldsymbol{e}_2\wedge\cdots\wedge\boldsymbol{e}_n\mid$$

其中

$$\boldsymbol{e}_i=\overrightarrow{FE_i}=\frac{\overrightarrow{FP_i}}{R_i},\sum_{i=0}^{n}\boldsymbol{e}_i=\boldsymbol{0}$$

又

$$n!\ V(E)=\sum_{i=0}^{n}\mid\boldsymbol{e}_1\wedge\boldsymbol{e}_{I-1}\wedge\cdots\wedge\boldsymbol{e}_n\mid=$$

$$(n+1)\mid\boldsymbol{e}_1\wedge\boldsymbol{e}_2\wedge\cdots\wedge\boldsymbol{e}_n\mid$$

所以

$$V_iR_i=R_0R_1R_2\cdots R_n\frac{V(E)}{n+1}$$

$$R_0R_1\cdots R_n\sum_{i=0}^{n}\frac{1}{R_i}=\frac{n+1}{V(E)}\sum_{i=0}^{n}V_i=(n+1)\frac{V}{V(E)}$$

因此式(2) 成立.

据此引用 Maclaurin 定理[2] 有

$$\left(\frac{1}{n+1}\sum_{i=0}^{n}R_i\right)^n\geqslant\frac{1}{n+1}\sum_{i=0}^{n}\frac{1}{R_i}\cdot\prod_{j=0}^{n}R_j$$

其中等号当且仅当 $R_0=R_1=\cdots=R_n$ 时成立,即单 Δ_n 的 Fermat 点与外心重合.

因而得

$$\left(\sum_{i=0}^{n}R_i\right)^n\geqslant(n+1)^n\frac{V}{V(E)}$$

注意到内接于单位球的单形$\{E_0,E_1,\cdots,E_n\}$以正则单形的体积最大[3],故有

$$V(E)\leqslant\frac{n+1}{n!}\begin{bmatrix}1 & & & -\frac{1}{n}\\ & 1 & & \\ & & \ddots & \\ -\frac{1}{n} & & & 1\end{bmatrix}=$$

$$\frac{1}{n!}\sqrt{\frac{(n+1)^{n+1}}{n^n}}$$

于是式(3)成立.

对于正规单形,还可以给出一个较定理5中式(3)更强的不等式.

定理6 设F是正规单形$\Delta_n=\{P_0,P_1,\cdots,P_n\}$的Fermat点,则对于$E^n$中任一点$M$,恒有

$$(\sum_{i=0}^{n}|MP_i|)^2\geqslant(\sum_{i=0}^{n}|FP_i|)^2\geqslant$$

$$\frac{1}{n}\sum_{0\leqslant i<j\leqslant n}\rho_{ij}^2+\frac{n^2-1}{\sqrt[n]{n+1}}[n!\ V(\Delta_n)]^{\frac{2}{n}}$$

其中后一个等号当且仅当$n=2$或$n\geqslant3$,且Δ_n的Fermat点与外心重合时成立.

证明 记$|FP_i|=R_i$,对于$\triangle P_iP_jF$,有

$$\rho_{ij}^2=R_i^2+R_j^2-2R_iR_j\cos\angle P_iFP_j$$

因为Δ_n是正规单形,所以

$$\cos\angle P_iFP_j=-\frac{1}{n}$$

故

$$\sum_{i<j}\rho_{ij}^2=n\sum_{i=0}^{n}R_i^2+\frac{2}{n}\sum_{i<j}R_iR_j=$$

$$n(\sum_{i=0}^{n}R_i)^2-2\frac{n^2-1}{n}\sum_{i<j}R_iR_j$$

运用 Maclaurin 定理，有

$$\left(\frac{\sum\limits_{i<j}R_iR_j}{C_{n+1}^2}\right)^{\frac{1}{2}}\geqslant\left(\frac{1}{n+1}\prod_{i=0}^{n}R_i\sum_{j=0}^{n}\frac{1}{R_j}\right)^{\frac{1}{n}}$$

其中等号当且仅当 $n=2$ 或 $n\geqslant 3,R_0=R_1=\cdots=R_n$ 时成立，因此有

$$(\sum_{i=0}^{n}R_i)^2=\frac{1}{n}\sum_{i<j}\rho_{ij}^2+2\frac{n^2-1}{n^2}\sum_{i<j}R_iR_j\geqslant$$

$$\frac{1}{n}\sum_{i<j}\rho_{ij}^2+\frac{(n^2-1)(n+1)}{n}\left(\frac{1}{n+1}\prod_{i=0}^{n}R_i\sum_{j=0}^{n}\frac{1}{R_j}\right)^{\frac{2}{n}}=$$

$$\frac{1}{n}\sum_{i<j}\rho_{ij}^2+\frac{(n^2-1)(n+1)}{n}\left[n!\ V\sqrt{\frac{(n+1)^{n+1}}{n^n}}\right]^{\frac{2}{n}}$$

从前面定理 4 的式(3)可知，将著名的 Erdös-Mordell 不等式推广到高维空间，对于单形内的 Fermat 点已经成立. 不过对于单形 $\Delta_n=\{P_0,P_1,\cdots,P_n\}$ 的内部或侧面上的任一点 M，不等式

$$\sum_{i=0}^{n}|MP_i|\geqslant n\sum_{i=0}^{n}|MH_i|$$

并不成立. 其中 H_i 是点 M 在顶点 P_i 所对侧面上的射影. 例如对于高为 $2\sqrt{3}$，侧棱长皆为 $2\sqrt{7}$ 的正三棱锥，其底面中心 M 到各侧面的距离为$\sqrt{3}$

$$\sum_{i=0}^{3}|MP_i|=2\sqrt{3}+12\geqslant 3\sum_{i=0}^{3}|MH_i|=9\sqrt{3}$$

Schopp J 证明了对于 n 维单形 Δ_n，有[4]

$$\sum_{i=0}^{n}|f_i||MP_i|\geqslant n\sum_{i=0}^{n}|f_i||MH_i|$$

其中等号当且仅当 M 是单形的垂心(如果存在的话)

时成立，$|f_i|$ 是单形的顶点 P_i 所对侧面的 $n-1$ 维体积.

本章现在给出更好的结果.

定理 7 设点 M 为单形 $\Delta_n=\{P_0,P_1,\cdots,P_n\}$ 内部或侧面上任一点，射线 P_iM 交侧面 f_i 于 Q_i，则当且仅当

$$\sum_{i<j}(|P_iQ_i|-|P_jQ_j|)\left(\frac{|MQ_j|}{|P_jQ_j|}-\frac{MQ_i}{|P_iQ_i|}\right)\geqslant 0$$

时，有

$$\sum_{i=0}^{n}|MP_i|\geqslant n\sum_{i=0}^{n}|MQ_i|$$

证明 设单形 $\{P_0,P_1,\cdots,P_{i-1},M,P_{i+1},\cdots,P_n\}$ 的体积为 V_i，单形 Δ_n 的体积为 V，记

$$|P_iQ_i|=l_i,\ |MQ_i|=r_i$$

则有

$$\sum_{i=0}^{n}V_i=V,\frac{V_i}{V}=\frac{|MQ_i|}{|P_iQ_i|}=\frac{r_i}{l_i}$$

故 $\sum\limits_{i=0}^{n}\frac{r_i}{l_i}=1$.

运用恒等式[2]

$$\sum_{i=0}^{n}p_ix_iy_i\sum_{j=0}^{n}p_j-\sum_{i=0}^{n}p_ix_i\sum_{j=0}^{n}p_jy_j\equiv \sum_{i<j}p_ip_j(x_i-x_j)(y_i-y_j)$$

有

$$\sum_{j=0}^{n}l_j=\sum_{j=0}^{n}l_j\sum_{i=0}^{n}\frac{r_i}{l_i}=(n+1)\sum_{i=0}^{n}l_i\frac{r_i}{l_i}-\sum_{i<j}(l_i-l_j)\left(\frac{r_i}{l_i}-\frac{r_j}{l_j}\right)\geqslant$$

$$(n+1)\sum_{i=0}^{n} r_i$$

即

$$\sum_{j=0}^{n} |P_jQ_j| \geqslant (n+1)\sum_{i=0}^{n} |MQ_i|$$

将 $|P_jQ_j|=|P_jM|+|MQ_j|$ 代入便知定理 7 成立.

参考资料

[1] 左铨如,季素月.初等几何研究新编[M].上海:上海科技教育出版社,1992

[2] HARDY G H. Inequalities[M].北京:科学出版社,1965.

[3] TANNER R M. Some content maximizing properties of the regular simplex[J]. Pac. J. Math., 1974,52:611-616.

[4] SCHOPP J. The inequality of steensholt for an n-dimensional simplex[J]. Amer. Math. Monthly, 1959,66:886-897.

关于高维单形的 Erdös-Mordell 型不等式

第十二章

关于 E^n 中 n 维单形内任一点到 $n-1$ 维界面的距离与它到顶点的距离的各种 Erdös-Mordell 型不等式的研究，一直是高维几何不等式研究中一个难度较大且倍受重视的课题，见参考资料[1-4].

上海大学的冷岗松教授运用距离几何的理论和方法(见参考资料[5-8])建立一个新的 Erdös-Mordell 型不等式，为此，还解决了陈计与单关于 Gerber 不等式的一个猜想.

设 $\tau=\{P_1,P_2,\cdots,P_{n+1}\}$ 是 n 维欧氏空间 E^n 中的 n 维单形 Ω 的顶点集，顶点 P_i 所对的 $n-1$ 维界面为 F_i，并用记号 $E^{[K]}(a_1,a_2,\cdots,a_m)$ 表示 m 个正实数 $a_1,a_2,\cdots,a_m$ 的第 K 级对称平均数.

我们的结果可简洁地表述为如下的定理.

定理　设 P 是 n 维单形 Ω 内任一点，P 到 $n-1$ 维界面 F_i 的距离为 r_i，P 与顶点 P_i 的距离为 R_i，则

$$E^{[1]}(R_1,\cdots,R_{n+1})\geqslant n\cdot E^{[n]}(r_1,\cdots,r_{n+1}) \qquad ①$$

当 Ω 为正则单形且 P 为其中心时等号成立.

设 θ_{rs} 为 n 维单形 Ω 的两个 $n-1$ 维界面 F_r 和 F_s 所成的二面角，令

$$\mathbf{A}_i=\begin{bmatrix}1 & & & -\cos\theta_{sr}\\ & 1 & & \\ & & \ddots & \\ -\cos\theta_{sr} & & & 1\end{bmatrix}$$

$$1\leqslant r<s\leqslant n+1, r,s\neq i$$

则 $\theta_i=\arcsin\sqrt{\det \mathbf{A}_i}$ 叫作 Ω 的顶点 P_i 所对应的顶点角[8].

引理 1[8]　设 n 维单形 Ω 的顶点 P_i 所对应的顶点角为 θ_i，P_i 所对应的 $n-1$ 维界面 F_i 的 $n-1$ 维体积为 V_i，则

$$\frac{\sin\theta_i}{V_i}=\frac{(nV)^{n-1}}{(n-1)!\ \left(\prod\limits_{i=1}^{n+1}V_i\right)} \qquad ②$$

引理 2　$\theta_1,\theta_2,\cdots,\theta_{n+1}$ 是 n 维单形 Ω 的顶点 Q，$x_1,x_2,\cdots,x_{n+1}$ 是正实数，则

$$\sum_{i=1}^{n+1}\left(\prod_{j\neq i}x_j\right)\sin^2\theta_i\leqslant\left(\frac{1}{n}\sum_{i=1}^{n+1}x_i\right)^n \qquad ③$$

当 Ω 是正则单形且 $x_1=x_2=\cdots=x_{n+1}$ 时等号成立.

证明　令

$$\mathbf{A}=\begin{bmatrix}1 & & & -\cos\theta_{sr}\\ & 1 & & \\ & & \ddots & \\ -\cos\theta_{sr} & & & 1\end{bmatrix}_{n+1}^{n+1}$$

$$\boldsymbol{B}=\begin{bmatrix} x_1 & & & 0 \\ & x_2 & & \\ & & \ddots & \\ 0 & & & x_{n+1} \end{bmatrix}_{n+1}^{n+1}$$

则 $\boldsymbol{A}$ 是正半定对称矩阵且 $\det \boldsymbol{A}=0$(见参考资料[6]),$\boldsymbol{B}$ 是正定对称矩阵.

考虑关于 λ 的方程

$$\det(\boldsymbol{A}+\lambda\boldsymbol{B})=0 \tag{4}$$

设 A_{ij} 和 $B_{ij}(i,j=1,2,\cdots,n+1)$ 表示矩阵 $\boldsymbol{A}$ 和 $\boldsymbol{B}$ 对应的代数余子式,又令

$$|\boldsymbol{A}|=\det \boldsymbol{A},\ |\boldsymbol{B}|=\det \boldsymbol{B}$$

将 ④ 展开,得

$$|\boldsymbol{B}|\lambda^{n+1}+(\sum_{i,j=1}^{n+1}a_{ij}B_{ij})\lambda^n+\cdots+$$
$$(\sum_{i,j=1}^{n+1}b_{ij}A_{ij})\lambda+|\boldsymbol{A}|=0 \tag{5}$$

由于 $|\boldsymbol{A}|=0$,在 ⑤ 中约去一个零根后,得

$$|\boldsymbol{B}|\lambda^{n}+(\sum_{i,j=1}^{n+1}a_{ij}B_{ij})\lambda^{n-1}+\cdots+$$
$$(\sum_{i,j=1}^{n+1}b_{ij}A_{ij})=0 \tag{6}$$

⑥ 可简记为

$$C_0\lambda^n+C_1\lambda^{n-1}+\cdots+C_n=0 \tag{7}$$

由于 $\boldsymbol{A}$ 正半定且 $\boldsymbol{B}$ 正定,因此 ⑦ 的根都是非正的,根据算术-几何平均值不等式,得

$$\frac{C_1}{nC_0}\geqslant\left(\frac{C_n}{C_0}\right)^{\frac{1}{n}} \tag{8}$$

注意到当 $i\neq j$ 时,$B_{ij}=0$,$A_{ii}=\sin^2\theta_i$,通过计算,易得

$$\begin{cases} C_0=\prod_{i=1}^{n+1}x_i \\ C_1=\sum_{i=1}^{n+1}(\prod_{j\neq i}x_j) \\ C_n=\sum_{i=1}^{n+1}x_i\sin^2\theta_i \end{cases}$$

代入 ⑧ 整理,得

$$\frac{\left(\frac{1}{x_1}+\frac{1}{x_2}+\cdots+\frac{1}{x_{n+1}}\right)^n}{n^n}\geqslant\sum_{i=1}^{n+1}\left(\prod_{j\neq i}\frac{1}{x_j}\right)\sin^2\theta_i \quad ⑨$$

将 ⑨ 中的$\frac{1}{x_i}$换为x_i,便得所证不等式 ③.

引理 2 的另一证明可见参考资料[11].

在引理 2 中,令 $x_1=x_2=\cdots=x_{n+1}=1$,便得

$$\sum_{i=1}^{n+1}\sin^2\theta_i\leqslant\left(1+\frac{1}{n}\right)^n$$

这是参考资料[9]的主要结果.

引理 3 设n维单形Ω的$n-1$维侧面F_i的$n-1$维体积为V_i,Ω的体积V,则对任意正实数x_1,x_2,…,x_{n+1},有

$$V^{n-1}\cdot\sum_{i=1}^{n+1}(\prod_{j\neq i}x_j)V_i\leqslant \frac{(n-1)!}{(n+1)^{\frac{n-1}{2}}n^{\frac{3n-2}{2}}}(\sum_{i=1}^{n+1}x_i)^n\cdot(\prod_{i=1}^{n+1}V_i) \quad ⑩$$

当Ω为正则单形且$x_1=x_2=\cdots=x_{n+1}$时等号成立.

证明 对凸函数$y=x^2(x>0)$用著名的Jensen不等式,有

$$\left(\frac{\sum_{i=1}^{n+1}\left(\prod_{j\neq i}x_j\right)\sin\theta_i}{\sum_{i=1}^{n+1}\left(\prod_{j\neq i}x_j\right)}\right)\leqslant\frac{\sum_{i=1}^{n+1}\left(\prod_{j\neq i}x_j\right)\sin^2\theta_i}{\sum_{i=1}^{n+1}\left(\prod_{j\neq i}x_j\right)}$$

综合上式与引理 2,便得

$$\sum_{i=1}^{n+1}\left(\prod_{j\neq i}x_j\right)\sin\theta_i\leqslant\frac{\left(\sum_{i=1}^{n+1}x_i\right)^{\frac{n}{2}}\left[\sum_{i=1}^{n+1}\left(\prod_{j\neq i}x_j\right)\right]^{\frac{1}{2}}}{n^{\frac{n}{2}}}\qquad ⑪$$

再将引理 1 代入 ⑪ 整理,便有

$$V^{n-1}\cdot\sum_{i=1}^{n+1}\left(\prod_{j\neq i}x_j\right)V_i\leqslant\frac{(n-1)!\left(\sum_{i=1}^{n+1}x_i\right)^{\frac{n}{2}}\left[\sum_{i=1}^{n+1}\left(\prod_{j\neq i}x_j\right)\right]^{\frac{1}{2}}}{n^{\frac{3n-2}{2}}}\left(\prod_{i=1}^{n+1}V_i\right)\qquad ⑫$$

又由 Marclaurin 不等式[10],可得

$$\sum_{i=1}^{n+1}\left(\prod_{j\neq i}x_j\right)\leqslant\frac{\left(\sum_{i=1}^{n+1}x_j\right)^n}{(n+1)^{n-1}}\qquad ⑬$$

对 ⑫ 的右边用 ⑬ 便得所证不等式 ⑩.

引理 4 设 n 维单形 Ω 的体积为 V,Ω 内任一点 P 到侧面 F_i 的距离为 r_i,则

$$\sum_{i=1}^{n+1}\left(\prod_{j\neq i}r_j\right)\leqslant\frac{(n-1)!}{(n+1)^{\frac{n-1}{2}}n^{\frac{n}{2}-1}}V\qquad ⑭$$

当 Ω 为正则单形且 P 为其中心时等号成立.

证明 在不等式 ⑩ 中令 $x_i=r_iV_i$,两边约去 $\prod_{i=1}^{n+1}V_i$,可得

$$V^{n-1}\sum_{i=1}^{n+1}\left(\prod_{j\neq i}r_j\right)\leqslant\frac{(n-1)!\left(\sum_{i=1}^{n+1}r_iV_i\right)^n}{(n+1)^{\frac{n-1}{2}}n^{\frac{3n-2}{2}}}\qquad ⑮$$

又注意到明显的几何事实

$$\sum_{i=1}^{n+1} r_i V_i = nV$$

代入 ⑮ 整理便得引理 4 要证的不等式 ⑭.

引理 4 是陈计、单墫关于 Gerber 不等式加强的一个猜想[10].

定理的证明　过单形 Ω 的顶点 P_i 作一个以 $\overrightarrow{PP_i}$ 为法向量的 $n-1$ 维超平面 E_i. 由于 $\overrightarrow{PP_1}$, $\overrightarrow{PP_2}$, $\cdots$, $\overrightarrow{PP_{n+1}}$ 任 n 个都线性无关,利用这些超平面的线性方程和 Cramer 法则,易证 $E_1, E_2, \cdots, E_{n+1}$ 这 $n+1$ 个超平面两两相交,且任 n 个有唯一的公共点. 这样,这 $n+1$ 个超平面就围成了一个以点 P 为内点的新的 n 维单形 Ω'.

设 Ω' 的由 $E_1, \cdots, E_{i-1}, E_{i+1}, \cdots, E_{n+1}$ 所确定的顶点为 P'_i, E_i, E_j 所成的二面角为 θ'_{ij},顶点 P'_i 对应的顶点角为 θ'_i. 设向量 $\overrightarrow{PP_i}$, $\overrightarrow{PP_j}$ 的夹角为 α_{ij},则易见

$$\theta'_{ij} = \pi - \alpha_{ij}$$

$$\sin^2\theta'_i = \det\begin{bmatrix} 1 & & & -\cos\theta_{sr} \\ & 1 & & \\ & & \ddots & \\ -\cos\theta_{sr} & & & 1 \end{bmatrix}_{r,s\neq i} =$$

$$\det\begin{bmatrix} 1 & & & \cos\alpha_{sr} \\ & 1 & & \\ & & \ddots & \\ \cos\alpha_{sr} & & & 1 \end{bmatrix}_{r,s\neq i} \triangleq$$

$$\det(\cos\alpha_{rs})_{r,s\neq i}$$

现考虑以点集 $\{P, P_1, \cdots, P_{i-1}, P_{i+1}, \cdots, P_{n+1}\}$ 为

顶点的单形$\sum_i$的体积V'_i，则V'_i即为向量$\overrightarrow{PP_1},\cdots,\overrightarrow{PP_{i-1}},\overrightarrow{PP_{i+1}},\cdots,\overrightarrow{PP_{n+1}}$所组成的 Gram 行列式的平方根的$\frac{1}{n!}$倍，也就是

$$V'_i=\frac{1}{n!}\det^{\frac{1}{2}}(\langle\overrightarrow{PP_r},\overrightarrow{PP_s}\rangle)_{r,s\neq i}$$

其中〈〉表示内积，这样

$$V'_i=\frac{1}{n!}\prod_{j\neq i}|\overrightarrow{PP_j}|\cdot\det^{\frac{1}{2}}(\cos\alpha_{rs})_{r,s\neq i}=\frac{1}{n!}(\prod_{j\neq i}R_j)\sin\theta'_i$$

又注意到明显的几何事实

$$\omega=\sum_1\cup\sum_2\cup\cdots\cup\sum_{n+1}$$

因此单形Ω的体积V为

$$V=\sum_{i=1}^{n+1}V'_i=\frac{1}{n!}\sum_{i=1}^{n+1}(\prod_{j\neq i}R_j)\sin\theta'_i \qquad ⑯$$

注意到θ'_i为单形Ω'的顶点角，对⑯的右边用式⑪，便得

$$V\leqslant\frac{(\sum_{i=1}^{n+1}R_i)^{\frac{n}{2}}\left[\sum_{i=1}^{n+1}(\prod_{j\neq i}R_j)\right]^{\frac{1}{2}}}{n^{\frac{n}{2}}\cdot n!} \qquad ⑰$$

综合⑰和引理 4，便有

$$\sum_{i=1}^{n+1}(\prod_{j\neq i}r_j)\leqslant\frac{(\sum_{i=1}^{n+1}R_i)^{\frac{n}{2}}\left[\sum_{i=1}^{n+1}(\prod_{j\neq i}R_j)\right]^{\frac{1}{2}}}{(n+1)^{\frac{n-1}{2}}\cdot n^n}\leqslant\frac{1}{n^n(n+1)^{n-1}}(\sum_{i=1}^{n+1}R_i)^n \qquad ⑱$$

后一个不等式是用 marclaurin 不等式.

⑱可写为

$$\left(\frac{\sum_{i=1}^{n+1}\left(\prod_{j\neq i} r_j\right)}{n+1}\right)^{\frac{1}{n}} \leqslant \frac{1}{n}\cdot\frac{\sum_{i=1}^{n+1} R_i}{n+1} \qquad ⑲$$

⑲ 便是要证的不等式 ①. 定理证毕.

参考资料

[1] GERBER L. The orthocentric simplex as an extreme simplex[J]. Pacific J. Math. 1975,56:97-111.

[2] RABINOVIČ V L, JAGLOM I M. O neravenstvah, rodstvennih neravenstvu Erdös-Mordella dlja treugoljnika[J]. Uč, Zap. Moskov. Gos. Ped. Inst., 1971,41,2:123-128.

[3] ABELES F. Inequalities for a Simplex and the Number e[J]. Geom 1980,15:149-152.

[4] MITRINOVIČ D S, PECARIĆ J E, VOLENEC V. Recent advances in geometric inequalities[M]. Klumer Academic Publishers, 1989:495-499.

[5] 杨路,张景中. 关于有限点集的一类几何不等式[J]. 数学学报,1980,25(5):740-749.

[6] 杨路,张景中. 预给内角的单形嵌入 E^n 的充分必要条件[J]. 数学学报,1983,26(2):250-256.

[7] 张景中,杨路. 关于质点组的一类几何不等式[J]. 中国科学技术大学学报,1981,11(2):1-8.

[8] ERKSSON F. The law of sines for tetrahedra and n-Simplices[J]. Geom.,1978,7:71-80.

[9] 蒋星耀. 关于高维单形顶点角的不等式[J]. 数学年刊,1987,8A(6):668-670.

[10] 陈计. 关于 Gerber 不等式的加强[J]. 福建中学数学,1992,5:8-9.

[11] 张土. 关于垂足单形的一个猜想[J]. 系统科学与数学,1992,12(4):371-375.

球面上的 Erdös-Mordell 不等式[①]

第十三章

著名的 Erdös-Mordell 不等式如下：

定理 A 若 $\triangle ABC$ 是平面上的一个三角形，P 是它的一个内点. 令 x,y,z 分别表示从点 P 到三角形 3 个顶点 A，B，C 的相应距离；令 p,q,r 分别表示从点 P 到三角形 3 条边 BC，CA，AB 的相应距离，则

$$x+y+z\geqslant 2(p+q+r)$$

等号成立当且仅当 $\triangle ABC$ 是等边三角形且 P 是它的中心.

1935 年，著名数学家 Erdös 首先猜测到了定理1；1937 年 Mordell 给出了该定理的第一个证明[1,2]. 这个定理及其证明是数学中一个漂亮的篇章，关于这个定理的其他证明及一些评论可分别在

① 摘自《上海大学学报(自然科学版)》，2004.10(1)：56-58.

参考资料[3,4]中找到.许多作者推广了定理 1[5,6],但是在很长一段时间里人们都没有得到它在非欧空间的推广式,因为即使是在二维的非欧空间中,该定理的推广也是很困难的.上海大学理学院的司林、何斌吾、冷岗松三位教授 2004 年给出了 Erdös-Mordell 不等式在二维球面上的推广形式,当球的半径 R 趋于无穷时,我们就得到平面上的 Erdös-Mordell 不等式.主要结论如下:

定理 1 对于任给的球面三角形 $\triangle \widehat{ABC}$ 及其内的可行点 P,我们有

$$\tan\frac{x}{R}+\tan\frac{y}{R}+\tan\frac{z}{R}\geqslant 2\left(\tan\frac{p}{R}+\tan\frac{q}{R}+\tan\frac{r}{R}\right) \quad (*)$$

其中,x,y,z 分别表示从点 P 到三角形三个顶点 A,B,C 的相应球面距离,p,q,r 分别表示从点 P 到三角形三条边 $\widehat{BC},\widehat{CA},\widehat{AB}$ 的相应球面距离,R 是三角形所在球的半径.等号成立当且仅当 $\triangle ABC$ 是球面等边三角表且 P 是它的中心.

我们用 $\mathbf{R}^3$ 表示三维欧氏空间,它上面的内积记为 $\langle,\rangle$.半径为 R 的球记为 B,与它对应的球面记为 S^2,球 B 的中心记为 O,球面上的欧氏范数记为 $\|\cdot\|_s$.$\triangle ABC$ 表示平面上的三角形,$\triangle\widehat{ABC}$ 表示球面上的三角形.我们将向量记为 $\boldsymbol{u},\boldsymbol{v},\cdots$ 或 $\overrightarrow{OP}$,$\overrightarrow{OQ},\cdots$.$OP,OQ$ 表示以 O 为起点,P,Q 为相应终点的射线.如无特别声明,本章中的所有三角形和圆都是包含它们的内部和边界的.

用一个平面(不一定过球心)去截球面 B,我们可以得一个圆,我们把这个圆的内接三角形称为球 B 的

内接三角形，过球心的平面与球 B 的交称为大圆面. 设 $\triangle ABC$ 是球 B 的一个内接三角形，且它不属于球 B 的任一个大圆面. 作映射 $\xi: \rightarrow S^2$，对于 $\triangle ABC$ 的任一点 $(Q,\xi(Q))$ 为射线 OQ 与球面 S^2 的交点.

引理　对任给的球面 $\triangle \widehat{ABC}$ 存在一个大圆面 C_b，使得 $\triangle \widehat{ABC}$ 属于 C_b 分 S^2 所成的两个半球之一且 $\triangle \widehat{ABC}$ 和 C_b 没有公共点.

证明　用直线连接 $\triangle \widehat{ABC}$ 的 3 个顶点，我们可得到一个内接于球的 $\triangle ABC$. 因为 $\triangle \widehat{ABC}$ 是一个球面三角形，所以它的 3 个顶点 A,B,C 不会位于同一个大圆面上且 O 不属于 $\triangle ABC$. 由 ξ 的定义，我们有 $\xi(\triangle ABC)=\triangle \widehat{ABC}$. 由 ξ 的定义，我们有 $\xi(\triangle ABC)=\triangle \widehat{ABC}$. 令 H 为通过球心 O 且平行于 $\triangle ABC$ 所在平面的平面. 令 $C_b=H\cap B$，则 C_b 就是我们所需要的大圆面.

推论 1　对于任给的球面 $\triangle \widehat{ABC}$，存在一单位向量 $\boldsymbol{u}$，使得对于球面 $\triangle \widehat{ABC}$ 上的任一点 P 有 $\langle \boldsymbol{u},\overrightarrow{OP}\rangle<0$.

证明　由引理，存在一个大圆面 C_b，使得 $\triangle \widehat{ABC}$ 属于 C_b 分 S^2 所成的两个半球之一且 $\triangle \widehat{ABC}$ 和 C_b 没有公共点，我们取大圆面 C_b 所属平面 H 的指向不含 $\triangle \widehat{ABC}$ 的半球一侧的法向量为 $\boldsymbol{u}$，则可得此推论.

推论 2　对于任给的球面 $\triangle \widehat{ABC}$，如果存在一单位向量 $\boldsymbol{u}$，使得 $\langle \boldsymbol{u},\overrightarrow{OA}\rangle<0$，$\langle \boldsymbol{u},\overrightarrow{OB}\rangle<0$，$\langle \boldsymbol{u},\overrightarrow{OC}\rangle<0$，那么对于球面三角形上的任一点 P，有 $\langle \boldsymbol{u},\overrightarrow{OP}\rangle<0$.

证明 因为 P 是 $\triangle\widehat{ABC}$ 的一点且 $\overrightarrow{OP}$ 能被表示成 $\overrightarrow{OA}$，$\overrightarrow{OB}$ 和 $\overrightarrow{OC}$ 的非负组合，所以我们可得推论.

任给一个球 B 和它上面的一个球面 $\triangle\widehat{ABC}$. 令 B' 是一个和 B 有着同样球心和半径的球，把球面 $\triangle\widehat{ABC}$ 固定在 B' 上，令 B' 绕着球心 O 旋转，这样我们可得 $\triangle\widehat{ABC}$ 在 B 上的又一个位置 $\triangle\widehat{A'B'C'}$，我们称这个过程为球面三角形在球上的一个平行移动.

由推论 1，对任给的 $\triangle\widehat{ABC}$，存在一个单位向量 $\boldsymbol{u}$，使得对于 $\triangle\widehat{ABC}$ 上的任一点 P 有 $\langle\boldsymbol{u},\overrightarrow{OP}\rangle<0$. 令 H_t 为以 $\boldsymbol{u}$ 为法向量且切点属于 $\triangle\widehat{ABC}$ 所在半球的球 B 的切平面. 令 $\phi:\triangle\widehat{ABC}\rightarrow H_t$，对 $\triangle\widehat{ABC}$ 所在半球面的任一点 $(Q,\phi(Q))$ 是射线 OQ 与切平面 H_t 的交点.

显然，$\triangle\widehat{ABC}$ 在 ϕ 下的象也是属于 H_t 的一个三角形.

由引理，任给 $\triangle\widehat{ABC}$，存在一个大圆面 C_b，使得 $\triangle\widehat{ABC}$ 属于被 C_b 所分的两个半球在之一，而且 $\triangle\widehat{ABC}$ 与 C_b 没有交点，我们记 C_b 所属的平面为 H，H_t 的定义如上. 对 $\triangle\widehat{ABC}$ 的任意一点 P，我们做一个 $\triangle\widehat{ABC}$ 的平行移动，使得 P 是 B 与 H_t 的切点，这时，如果 $\triangle\widehat{A'B'C'}\cap H=\phi$，那么我们称 P 为一个可行点.

下面我们给出可行点的一个分析描述.

设 $\triangle\widehat{ABC}$ 是位于半径为 R 的球上的一个球面三角形，则 P 为其可行点的充要条件是下式成立

$$\max(\|P-A\|_s,\|P-B\|_s,\|P-C\|_s)<\frac{1}{2}\pi R$$

等价性的证明.

必要性：若 P 是 $\triangle \widehat{ABC}$ 的一个可行点，过点 P 作一个切平面. 在 $\triangle \widehat{ABC}$ 内任取一点 $Q \neq P$，过 O,P,Q 三点作大圆面. 由可行点的定义可得

$$\| Q-P \|_s < \frac{1}{2}\pi R$$

由 Q 的任意性可得

$$\max(\| P-A \|_s, \| P-B \|_s, \| P-C \|_s) < \frac{1}{2}\pi R$$

充分性：设 P 是 $\triangle \widehat{ABC}$ 的一个内点，且满足

$$\max(\| P-A \|_s, \| P-B \|_s, \| P-C \|_s) < \frac{1}{2}\pi R$$

过 P 作 $\triangle \widehat{ABC}$ 所在球的一个切平面 H，记 H' 为过球心且平行于 H 的平面. 记 $\boldsymbol{u}$ 为 H' 的指向球面上不含 $\triangle \widehat{ABC}$ 的一侧的法向量. 过 O,P,A 三点做一个大圆面. 由条件 $\| P-A \|_s < \frac{1}{2}\pi R$ 得 $\langle \boldsymbol{u}, \overrightarrow{OA} \rangle < 0$，同理可得 $\langle \boldsymbol{u}, \overrightarrow{OB} \rangle < 0$，$\langle \boldsymbol{u}, \overrightarrow{OC} \rangle < 0$. 因为 $\triangle \widehat{ABC}$ 内（含边界）的任一点 Q 都可表示为

$$\overrightarrow{OQ} = p_1 \overrightarrow{OA} + p_2 \overrightarrow{OB} + p_3 \overrightarrow{OC}$$

其中，$p_1, p_2, p_3 \geqslant 0$，所以 $\langle \boldsymbol{u}, \overrightarrow{OQ} \rangle < 0$. 因此，由引理存在一个大圆面 C_b，使得 $\triangle \widehat{ABC}$ 属于 C_b 分 S^2 所成的两个半球之一且 $\triangle \widehat{ABC}$ 和 C_b 没有公共点，即 P 是可行点.

定理 1 的证明　设 H 为一个过球心 O 的平面，使得 $\triangle \widehat{ABC}$ 属于 S^2 被 H 所分的两个半球之一且 $\triangle \widehat{ABC}$ 与 H 没有交点. 作 $\triangle \widehat{ABC}$ 的一个平行移动使

得可行点 P 为切点. 于是可令

$$\phi(\triangle \widehat{ABC})=\triangle \widehat{A'B'C'}$$

其中 A',B',C' 是 A,B,C 在 ϕ 映射下的像. 令 C'_a 为包含 $\boldsymbol{u}$ 和 $\widehat{PA}$ 的大圆,在 $\mathrm{Rt}\triangle OPA'$ 中我们有

$$PA'=R\tan\frac{x}{R}$$

令 L,M,N 为从 P 到 $\widehat{BC},\widehat{CA},\widehat{AB}$ 的相应垂足,L',M',N' 为 O 在 ϕ 映射下的相应的像点. 由同样的方法,可得

$$PB'=R\tan\frac{y}{R},PC'=R\tan\frac{z}{R},PL'=R\tan\frac{p}{R}$$

$$PM'=R\tan\frac{q}{R},PN'=R\tan\frac{r}{R}$$

由平面上的 Erdös-Mordell 不等式,我们有

$$\tan\frac{x}{R}+\tan\frac{y}{R}+\tan\frac{z}{R}\geqslant$$

$$2\left(\tan\frac{p}{R}+\tan\frac{q}{R}+\tan\frac{r}{R}\right)$$

等号成立当且仅当 $\triangle \widehat{ABC}$ 是一个球面等边三角形,P 是它的中心.

注 固定 x,y,z 和 p,q,r,令 $R\to\infty$,我们有 $\tan\frac{x}{R}\sim\frac{x}{R}$, 因此从(*)我们可得到平面上的 Erdös-Mordell 不等式.

下面的定理是定理 A 的一个推论.

定理 B 如果 k 是一个实数且 $0<k\leqslant 1$,那么

$$x^k+y^k+z^k\geqslant 2^k(p^k+q^k+r^k)$$

其中,x,y,z 和 p,q,r 的意义同定理 A. 等号成立当且

仅当 $\triangle ABC$ 是一个等边三角形，P 是它的中心.

由用证明定理 1 同样的方法我们从定理 B 可得

定理 2　如果 k 是一个实数且 $0 < k \leqslant 1$，那么

$$\left(\tan \frac{x}{R}\right)^{k} + \left(\tan \frac{y}{R}\right)^{k} + \left(\tan \frac{z}{R}\right)^{k} \geqslant$$

$$2\left[\left(\tan \frac{p}{R}\right)^{k} + \left(\tan \frac{q}{R}\right)^{k} + \left(\tan \frac{r}{R}\right)^{k}\right]$$

其中，x, y, z 和 p, q, r 的意义同定理 1. 等号成立当且仅当 $\triangle \widehat{ABC}$ 是一个球面等边三角形，P 是它的中心.

参考资料

[1] ERDÖS P. Problem 3740[J]. Amer. Math. Monthly, 1935,42:396.

[2] MORDELL L J, BARROW D F. Solution 3740[J]. Trans Amer. Math. Monthly, 1937, 44:252-254.

[3] BANKOFF L. An elementary proof of the Erdös-Mordell theorme[J]. Amer. Math. Monthly, 1958,65:521.

[4] MORDELL L J. On geometric problems of Erdös and oppenheim[J]. Math Gazette, 1962, 46:213-215.

[5] DAR S, GUEROUS. A weighted Erdös-Mordell inequality[J]. Amer. Math. Monthly, 2001, 108:165-167.

[6] ZHAO C J, BEUCZE M. On improvement of a weighted Erdös-Mordell inequality[J]. Octogon, 2002,10:48-51.

第五编

走向世界

A Weighted Erdös-Mordell Inequality[①]

第十四章

Let $\triangle ABC$ be a triangle and let P be an interior point. Let d_A, d_B, d_C, be the distances of P from A, B, C, and let d_{AB}, d_{BC}, d_{CA} be the distances of P from the sides AB, BC, CA, respectively. Then

$$d_A+d_B+d_C\geqslant 2(d_{AB}+d_{BC}+d_{CA})$$

The inequality is sharp: equality holds if and only if the triangle is equilateral and the point P is its center. This is the celebrated Erdös-Mordell inequality. It was conjectured by Erdös in 1935 [1], and was first proved by Mordell in 1937 [2]. This theorem, together with its clever proof , is a beautiful

① 作者 Seannie Dar, Shay Gueron.

piece of elementary mathematics. Other elementary proofs for this theorem are known [3], and some comments on the history of the problem appear in [4].

In this note we generalize the Erdös-Mordell theorem, and prove what we call a "weighted Erdös-Mordell" inequality. In the case we treat, the inequality we obtain is also sharp; equality holds if and only if a certain ratio between the sides of the triangle holds and the point P is the circumcenter.

The Erdös-Mordell inequality is obtained as a special case of our weighted Erdös-Mordell inequality, for equal weights.

Theorem (A weighted Erdös-Mordell inequality) Let $\lambda_1, \lambda_2, \lambda_3$ be any three positive constats. Let $\triangle A_1A_2A_3$ be a triangle with sides a_1, a_2, a_3 and angles $\alpha_1, \alpha_2, \alpha_3$. Let P be an interior point and let F_i be the foot of the perpendicular from P to the side opposite A_i. Denote $PA_i = r_i$ and $PF_i = d_i$. Then

$$\sum_{i=1}^{3} \lambda_i r_i \geqslant 2\sqrt{\lambda_1\lambda_2\lambda_3} \sum_{i=1}^{3} \frac{1}{\sqrt{\lambda_i}} d_i \tag{①}$$

Equality holds in (1) if and only if

$$a_1 : a_2 : a_3 = \sqrt{\lambda_1} : \sqrt{\lambda_2} : \sqrt{\lambda_3} \tag{②}$$

and P is the circumcenter of $\triangle A_1A_2A_3$.

Proof The quadrilateral $A_1F_2PF_3$ is cyclic. Therefore

$$\angle F_2PF_3 = 180° - \alpha_1 = \alpha_2 + \alpha_3$$

Thus, the cosine law gives

$$F_2F_3^2=PF_2^2+PF_3^2-2PF_2\cdot PF_3\cos\angle F_2PF_3=$$
$$d_2^2+d_3^2-2d_2d_2\cos(\alpha_2+\alpha_3)=$$
$$(\sin^2\alpha_3+\cos^2\alpha_3)d_2^2+(\sin^2\alpha_2+\cos^2\alpha_2)d_3^2+$$
$$2(\sin\alpha_2\sin\alpha_3-\cos\alpha_2\cos\alpha_3)d_2d_3=$$
$$(d_2\sin\alpha_3+d_3\sin\alpha_2)^2+$$
$$(d_2\cos\alpha_3-d_3\cos\alpha_2)^2 \quad ③$$

A_1P is the diameter of the circumcircle of $A_1F_2PF_3$, to by the standard formula for the circumradius of a triangle, we have

$$F_2F_3=A_1P\sin\alpha_1=r_1\sin\alpha_1$$

and finally obtain

$$(r_1\sin\alpha_1)^2=(F_2F_3)^2=$$
$$(d_2\sin\alpha_3+d_3\sin\alpha_2)^2+(d_2\cos\alpha_3-d_3\cos\alpha_2)^2\geqslant$$
$$(d_2\sin\alpha_3+d_3\sin\alpha_2)^2 \quad ④$$

Hence

$$r_1\geqslant\left(\frac{\sin\alpha_3}{\sin\alpha_1}\right)d_2+\left(\frac{\sin\alpha_2}{\sin\alpha_1}\right)d_3 \quad ⑤$$

Equality in ⑤ holds if and only if $d_2\cos\alpha_3=d_3\cos\alpha_2$, i. e., if and only if

$$\frac{\sin(\angle A_2A_1P)}{\sin(\angle A_3A_1P)}=\left(\frac{d_3}{d_2}\right)=\left(\frac{\cos\alpha_3}{\cos\alpha_2}\right)=\frac{\sin(90^\circ-\alpha_3)}{\sin(90^\circ-\alpha_2)} \quad ⑥$$

Since

$$\angle A_2A_1P+\angle A_3A_1P=(90^\circ-\alpha_3)+(90^\circ-\alpha_2)$$

it follows that equality in ⑤ holds if and only if

$$\angle A_2A_1P=90^\circ-\alpha_3,\angle A_3A_1P=90^\circ-\alpha_2 \quad ⑦$$

which means the P lies on the line connecting A_1 to the circumcenter of the triangle. Similarly, we get

$$r_2 \geqslant \left(\frac{\sin \alpha_1}{\sin \alpha_2}\right) d_3 + \left(\frac{\sin \alpha_3}{\sin \alpha_2}\right) d_1 \quad ⑧$$

and

$$r_3 \geqslant \left(\frac{\sin \alpha_2}{\sin \alpha_3}\right) d_1 + \left(\frac{\sin \alpha_1}{\sin \alpha_3}\right) d_2 \quad ⑨$$

with analogous conditions for equality. Multiplying ⑤, ⑧ and ⑨ by λ_1, λ_2, and λ_3, respectively, and summing, we obtain

$$\begin{aligned}\lambda_1 r_1 + \lambda_2 r_2 + \lambda_3 r_3 \geqslant & \left[\lambda_2 \left(\frac{\sin \alpha_3}{\sin \alpha_2}\right) + \lambda_3 \left(\frac{\sin \alpha_2}{\sin \alpha_3}\right)\right] d_1 + \\ & \left[\lambda_3 \left(\frac{\sin \alpha_1}{\sin \alpha_3}\right) + \lambda_1 \left(\frac{\sin \alpha_3}{\sin \alpha_1}\right)\right] d_2 + \\ & \left[\lambda_1 \left(\frac{\sin \alpha_2}{\sin \alpha_1}\right) + \lambda_2 \left(\frac{\sin \alpha_1}{\sin \alpha_2}\right)\right] d_3 \quad ⑩\end{aligned}$$

and equality holds if and only if P is the circumcenter of $\triangle A_1A_2A_3$.

By the arithmetic mean-geometric mean inequality we have

$$\lambda_2 \left(\frac{\sin \alpha_3}{\sin \alpha_2}\right) + \lambda_3 \left(\frac{\sin \alpha_2}{\sin \alpha_3}\right) \geqslant 2\sqrt{\lambda_2 \lambda_3} \quad ⑪$$

with equality if and only if

$$\lambda_2 \left(\frac{\sin \alpha_3}{\sin \alpha_2}\right) = \lambda_3 \left(\frac{\sin \alpha_2}{\sin \alpha_3}\right) \quad ⑫$$

which is equivalent to

$$\frac{a_2}{a_3} = \left(\frac{\sin \alpha_2}{\sin \alpha_3}\right) = \frac{\sqrt{\lambda_2}}{\sqrt{\lambda_3}} \quad ⑬$$

Similarly

$$\lambda_3 \left(\frac{\sin \alpha_1}{\sin \alpha_3}\right) + \lambda_1 \left(\frac{\sin \alpha_3}{\sin \alpha_1}\right) \geqslant 2\sqrt{\lambda_3 \lambda_1} \quad ⑭$$

and

$$\lambda_1\left(\frac{\sin\alpha_2}{\sin\alpha_1}\right)+\lambda_2\left(\frac{\sin\alpha_1}{\sin\alpha_2}\right)\geqslant 2\sqrt{\lambda_1\lambda_2} \tag{15}$$

with analogous conditions for equality. Finally, combining ⑩, ⑪, ⑭, and ⑮, and the related conditions for equality, we get the desired result.

Remark　The special case $\lambda_1=\lambda_2=\lambda_3$ yields the celebrated Erdös-Mordell inequality. In this case, equality holds only for an equilateral triangle with center at P.

References

[1] ERDÖS P. Problem 3740[J]. Amer. Math. Monthly, 1935,42:396.

[2] MORDELL L J, BARROW D F. Solution 3740 [J]. Amer. Math. Monthly, 1937,44:252-254.

A New Proof of the Erdös-Mordell Inequality[①]

第十五章

In 1932, P. Erdös conjectured the following beautiful geometric inequality:

Theorem 1 Let P be an interior point of the triangle ABC. Denote by R_1, R_2, R_3 the distance of P from the vertices A, B, C, and r_1, r_2, r_3 the distances of P from the sides BC, CA, AB respectively. Then

$$R_1+R_2+R_3\geqslant 2(r_1+r_2+r_3) \quad ①$$

Equality hold if and only if triangle ABC is equilateral and P is its center.

① 摘自 INTERNATIONAL ELECTRONIC JOURNAL OF GEOMETRY.

P. Erdös [1] formally published inequality ① as a problem in 1935. L J. Mordell [2] first proved the theorem. Since then, inequality ① is known as the Erdös-Mordell's inequality. Later, some other proofs were given in succession ([3～11]), many of which were based on the following inequality:

$$R_1 \geqslant \frac{cr_2 + br_3}{a} \qquad ②$$

where a, b, c are the lengths of the sides BC, CA, AB respectively. G. R. Veldkamp [4] and V. Komornik [5] proved inequality ② by using area method. D. K. Kazarinoff [6] used a theorem of Pappus. L. Bankoff [7] used orthogonal projections and similar triangles. A. Avez [8] and H. Lee [9] used the Ptolemy's theorem.

In this chapter we give a new proof which does not use inequality ②. We also propose some related conjectures which are checked by the computer.

Our new proof of theorem 1 is based on the following lemma:

Lemma 1 For an arbitrary interior point P of triangle ABC, we have

$$\sqrt{a^2 + 4r_1^2} \geqslant \frac{cr_1 + ar_3}{b} + \frac{ar_2 + br_1}{c} \qquad ③$$

Equality holds if and only if the line PO (O is the circumcenter of ABC) parallels the side BC.

Proof Let S denote the area of triangle ABC. By Heron's formula:

$$S=\sqrt{s(s-a)(s-b)(s-c)} \tag{4}$$

where $s=\dfrac{a+b+c}{2}$, we easily get

$$16S^2=2b^2c^2+2c^2a^2+2a^2b^2-a^4-b^4-c^4 \tag{5}$$

Then using this we can verify the identity:

$$a^2+\frac{16x^2S^2}{(ax+by+cz)^2}-\frac{4S^2}{(ax+by+cz)^2}\left(\frac{cx+az}{b}+\frac{ay+bx}{c}\right)^2=\frac{[(2b^2c^2+a^2b^2+a^2c^2-b^4-c^4)x-a(b^2+c^2-a^2)(yb+cz)]^2}{4b^2c^2(ax+by+cz)^2} \tag{6}$$

where x, y, z are real numbers and $ax+by+cz\neq 0$. Therefore, it follows that

$$a^2+\frac{16x^2S^2}{(ax+by+cz)^2}-\frac{4S^2}{(ax+by+cz)^2}\left(\frac{cx+az}{b}+\frac{ay+bx}{c}\right)^2\geqslant 0 \tag{7}$$

Putting $x=r_1, y=r_2, z=r_3$ in the above inequality, then using the following identity:

$$ar_1+br_2+cr_3=2S \tag{8}$$

we obtain

$$a^2+4r_1^2\geqslant\left(\frac{cr_1+ar_3}{b}+\frac{ar_2+br_1}{c}\right)^2$$

hence inequality ③ is valid. Clearly, the equality of ③ holds if and only if

$$(2b^2c^2+a^2b^2+a^2c^2-b^4-c^4)r_1-a(b^2+c^2-a^2)(br_2+cr_3)=0 \tag{9}$$

Now we denote the areas of triangle BPC, CPA, APB by S_a, S_b, S_c respectively, then $S_a=\frac{1}{2}ar_1$,

$S_b=\frac{1}{2}br_2$, $S_c=\frac{1}{2}cr_3$. Applying ⑤, we know ⑨ is equivalent to

$$S_a[16S^2-a^2(b^2+c^2-a^2)]=$$
$$a^2(b^2+c^2-a^2)(S_b+S_c) \quad ⑩$$

If $A=\frac{\pi}{2}$, then $r_1=0$ from ⑨, thus P lies on BC and the circumcenter of triangle ABC is the midpoint of the side BC. if $A\neq\frac{\pi}{2}$, then $S_a\neq 0$ and it follows from ⑩ that

$$\frac{16S^2-a^2(b^2+c^2-a^2)}{a^2(b^2+c^2-a^2)}=\frac{S_b+S_c}{S_a}$$

using the fact $S_a+S_b+S_c=S$, we get

$$S_a=\frac{1}{16S}a^2(b^2+c^2-a^2)=$$
$$\frac{1}{4}a^2\cot A=\frac{1}{2}R^2\sin 2A$$

where R is the circumradius of triangle ABC. But $S_{\triangle OBC}=\frac{1}{2}R^2\sin 2A$, hence $S_a=S_{\triangle BPC}=S_{\triangle BOC}$, therefore the line PO parallels BC. This completes the proof of the Lemma 1.

According to the Lemma 1, we also have

$$\sqrt{b^2+4r_2^2}\geqslant\frac{ar_2+br_1}{c}+\frac{br_3+cr_1}{a} \quad ⑪$$

$$\sqrt{c^2+4r_3^2}\geqslant\frac{br_3+cr_2}{a}+\frac{cr_1+ar_3}{b} \quad ⑫$$

We now prove the Erdös-Mordell theorem.

Proof　Let h_a, h_b, h_c denote the altitudes corresponding to the sides BC, CA, AB of ABC respectively. Using $2S=ah_a$ and Heron′s formula ④ one obtains

$$h_a=\frac{1}{2a}\sqrt{[(b+c)^2-a^2][a^2-(b-c)^2]}\leqslant$$

$$\frac{1}{2}\sqrt{(b+c)^2-a^2}$$

thus we have

$$b+c\geqslant\sqrt{a^2+4h_a^2} \qquad ⑬$$

with equality if and only if $b=c$.

Applying inequality ⑬ to triangle PBC, we get

$$R_2+R_3\geqslant\sqrt{a^2+4r_1^2} \qquad ⑭$$

and we also have two similar forms. Adding these inequalities we obtain

$$2(R_1+R_2+R_3)\geqslant$$

$$\sqrt{a^2+4r_1^2}+\sqrt{b^2+4r_2^2}+\sqrt{c^2+4r_3^2} \qquad ⑮$$

with equality if and only if P is the circumcenter of triangle ABC.

On the other hand, adding inequalities ③, ⑪ and ⑫ gives:

$$\sqrt{a^2+4r_1^2}+\sqrt{b^2+4r_2^2}+\sqrt{c^2+4r_3^2}\geqslant$$

$$2\left(\frac{c}{b}+\frac{b}{c}\right)r_1+2\left(\frac{a}{c}+\frac{c}{a}\right)r_2+2\left(\frac{b}{a}+\frac{a}{b}\right)r_3 \qquad ⑯$$

and the equality is the same as ⑮.

Since $\frac{c}{b}+\frac{b}{c}\geqslant 2$, $\frac{a}{c}+\frac{c}{a}\geqslant 2$, $\frac{b}{a}+\frac{a}{b}\geqslant 2$, thus from inequalities ⑮ and ⑯ we see Erdös-Mordell ine-

quality ① holds and the equality in ① occurs only when a=b=c and P is its center. This completes the proof of Theorem 1.

Remark 1 N. Dergiades [10] extended the following inequality concerning an internal point of triangle ABC:

$$R_1+R_2+R_3\geqslant$$

$$\left(\frac{c}{b}+\frac{b}{c}\right)r_1+\left(\frac{a}{c}+\frac{c}{a}\right)r_2+\left(\frac{b}{a}+\frac{a}{b}\right)r_3 \qquad ⑰$$

to the case involving any point in the plane. Our lemma obviously can be extended to the same case and so can inequality ⑮. Therefore, by using the Lemma 1 we can prove Dergiades' result in [10].

Remark 2 The author [12] has proved the following inequalities:

$$\left(\frac{c}{b}+\frac{b}{c}\right)r_1+\left(\frac{a}{c}+\frac{c}{a}\right)r_2+\left(\frac{b}{a}+\frac{a}{b}\right)r_3\geqslant$$

$$2\sqrt{h_ar_1+h_br_2+h_cr_3}\geqslant$$

$$2(r_1+r_2+r_3) \qquad ⑱$$

From ⑮, ⑯ and ⑱, we can get the following refinements of Erdös-Mordell inequality:

$$R_1+R_2+R_3\geqslant$$

$$\frac{1}{2}(\sqrt{a^2+4r_1^2}+\sqrt{b^2+4r_2^2}+\sqrt{c^2+4r_3^2})\geqslant$$

$$\left(\frac{c}{b}+\frac{b}{c}\right)r_1+\left(\frac{a}{c}+\frac{c}{a}\right)r_2+\left(\frac{b}{a}+\frac{a}{b}\right)r_3\geqslant$$

$$2\sqrt{h_ar_1+h_br_2+h_cr_3}\geqslant$$

$$2(r_1+r_2+r_3) \qquad ⑲$$

Remark 3 The Erdös-Mordell inequality can also be extended as the following:

$$2(R+R_p)\geqslant R_1+R_2+R_3\geqslant 2(r_1+r_2+r_3)\geqslant 2(r+r_p) \quad ⑳$$

where R, r are the circumradius and inradius of ABC respectively, R_p, r_p the circumradius and inradius of the pedal triangle DEF (see Figure 1). The first inequality in ⑳ is one of the conjectures posed by the author in [13], which has been proved by Wang Zhen [14] recently. The last inequality will be published in one of my recent Chinese article.

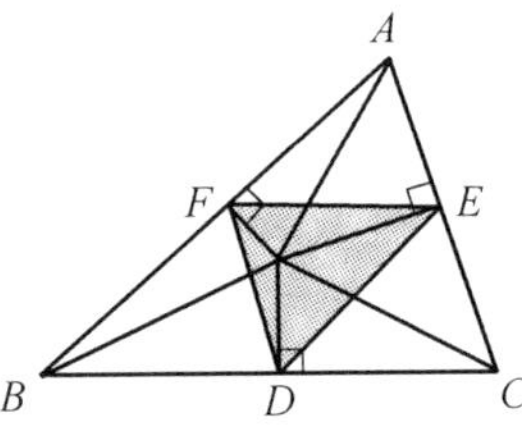

Figure 1

In this section, we shall propose some related conjectures.

From the inequality chain ⑲ we see that

$$\sqrt{a^2+4r_1^2}+\sqrt{b^2+4r_2^2}+\sqrt{c^2+4r_3^2}\geqslant 4(r_1+r_2+r_3) \quad ㉑$$

It seems not easy to prove this inequality directly. Considering its generalization we propose the following conjecture having been checked by the computer:

Conjecture 1 If $k\geqslant 4$ be a real number, then

$$\sqrt{a^2+kr_1^2}+\sqrt{b^2+kr_2^2}+\sqrt{c^2+kr_3^2}\geqslant$$

$$\sqrt{k+12}(r_1+r_2+r_3) \quad ㉒$$

A similar conjecture is the following:

Conjecture 2 If $k \geqslant 4$ be a real number, then

$$\sqrt{a^2+kw_1^2}+\sqrt{b^2+kw_2^2}+\sqrt{c^2+kw_3^2} \geqslant$$

$$\sqrt{k+12}(w_1+w_2+w_3) \quad ㉓$$

where w_1, w_2, w_3 are the angle-bisectors of $\angle BPC$, $\angle CPA$, $\angle APB$ respectively.

Remark 4 It is easy to prove that inequality ⑬ still holds after changing the altitude by the angle-bisector. So we actually have the following inequality:

$$2(R_1+R_2+R_3) \geqslant$$

$$\sqrt{a^2+4w_1^2}+\sqrt{b^2+4w_2^2}+\sqrt{c^2+4w_3^2} \quad ㉔$$

which is stronger than ⑮. Therefore, if Conjecture 2 is true, then its special case $k=4$ and ㉔ conclude the Borrow's inequality [3]:

$$R_1+R_2+R_3 \geqslant 2(w_1+w_2+w_3) \quad ㉕$$

The first inequality in ⑳ is a reverse Erdös-Mordell inequality. It leads us to put forward the similar interesting conjecture:

Conjecture 3 Let P be an interior point of triangle ABC. The lines AP, BP, CP cut the opposite sides BC, CA, AB at L, M, N respectively. then

$$R_1+R_2+R_3 \leqslant 2(R+R_q) \quad ㉖$$

where R, R_q are the circumradius of triangle ABC and the Cevian Triangle LMN respectively (see Figure 2).

The more general conjecture is the following:

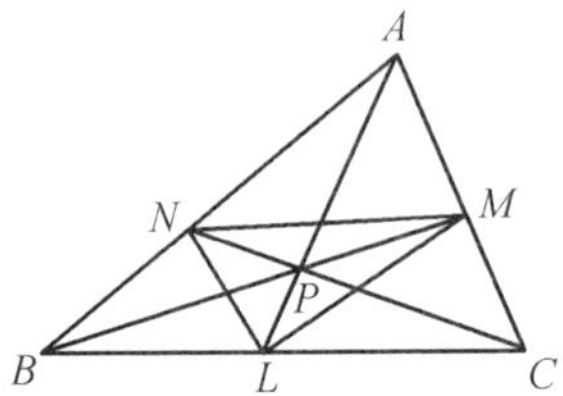

Figure 2

Conjecture 4 Let P be an interior point of triangle ABC. If $0<k\leqslant 1$, then

$$R_1^k+R_2^k+R_3^k\leqslant 2R^k+(2R_q)^k \tag{27}$$

If $k<0$, then the reverse inequality holds.

Remark 5 For the pedal triangle (see Figure 1), the author [13] has proved the inequality:

$$\frac{1}{R_1^k}+\frac{1}{R_2^k}+\frac{1}{R_3^k}\leqslant\frac{2}{R^k}+\frac{1}{(2R_q)^k} \tag{28}$$

where $k\geqslant 1$. We also supposed ㉘ is valid for $0<k<1$ and the reverse inequality holds for (the first inequality in ⑳ is the special case of this conjecture).

It is well known that Erdös-Mordell inequality can be generalized to the case with weights:

$$x^2R_1+y^2R_2+z^2R_3\geqslant 2(yzr_1+zxr_2+xyr_3) \tag{29}$$

where x, y, z are arbitrary real numbers. The monograph [15, p. 318, theorem 15] states that inequality ㉙ holds only for positive real numbers x, y, z. In [16], the author showed that the inequality is valid for all real numbers x, y, z by using a simple method.

For Figure 2, we give a conjecture similar to ㉙:

Conjecture 5 Let P be an interior point of trian-

gle ABC and let r_a, r_b, r_c be the excircle radius of triangle ABC. Then

$$x^2 r_a + y^2 r_b + z^2 r_c \geqslant 2(yzh_l + zxh_m + xyh_n) \quad ㉚$$

where h_l, h_m, h_n are the altitudes of Cevian triangle LMN.

Finally, we propose a conjecture which includes the Erdös-Mordell inequality as a special case.

Conjecture 6 If $0 < k \leqslant 1.73$, then the following inequality holds:

$$R_1^k + R_2^k + R_3^k \geqslant (r_2 + r_3)^k + (r_3 + r_1)^k + (r_1 + r_2)^k \quad ㉛$$

Clearly, the above inequality becomes the Erdös-Mordell inequality when $k = 1$.

References

[1] ERDÖS P. Problem 3740[J]. Amer. Math. Monthly, 1935(42):396.

[2] MORDELL L J. Egy gometriai, probléma megoldáasa (Solution of a geometrical problem) [J]. Középliskolai Matematikai és Fizikai Lapok, 1935(11):145-146.

[3] MORDELL L J, BARROW D F. Solution of problem 3740[J]. Amer. Math. Monthly, 1937 (44):252-254.

[4] VELDKAMP G R. The Erdös-Mordell inequality[J]. Nieuw Tijdschr. Wisk, 1957/1958(45):196-196.

[5] KOMORNIK V. A short proof of the Erdös-Mordell theorem[J]. Amer. Math. Monthly, 1997(104):57-60.

[6] KAZARNOFF D K. A simple proof of the Erdös-Mordell inequality for triangles[J]. Michigan Mathematical Journal, 1957(4):97-98.

[7] BANKOFF L. An elementary proof of the Erdös-Mordell theorem [J]. Amer. Math. Monthly, 1957(65):521.

[8] AVEZ A. A short proof of the Erdös and Mordell theorem[J]. Amer. Math. Monthly, 1993(100):60-62.

[9] LEE H. Another proof of the Erdös-Mordell theorem[J]. Forum Geom., 2001(1):7-8.

[10] DERGIADES N. Signed distances and the Erdös-Mordell inequality, Forum Geom., 2004(4):67-68.

[11] ALSINA C, NELSEN R B. A visual proof of the Erdös-Mordell inequality [J]. Forum Geom., 2001(7):99-102.

[12] LIU J. A sharpening of the Erdös-Mordell and its applications[J]. Journal of Chongqing Normal University (Natural Science Edition), 2005,22(2):12-14(in Chinese).

[13] LIU J. Several new inequalities for the triangle, Mathematics Competition, Hunan Education Press. Hunan, 1992(15):80-100(in Chinese).

[14] WANG Z. Proof of a geometric inequality[J].

Commun. Stud. Inequal, 2009,16(1):66-68(in Chinese).

[15] MITRIŃOVIC D S, PĚCAŔIC J E, VOLENCE V. Recent advances in geometric inequalities [M]. Kluwer Acad. Publ., Dordrecht, 1989.

[16] LIU J. Applications of a corollary of the Wolstenholme inequality [J]. Jouranl of luoyang teachers college, 2003, 22 (5): 11-13 (in Chinese).

Sharpened Versions of the Erdös-Mordell Inequality[①]

第十六章

Throughout this paper, let ABC be a triangle and P be its interior point. Denote the distances from P to the vertices A, B, C by R_1, R_2, R_3, and the distances from P to the sides BC, CA, AB by r_1, r_2, r_3, respectively. The famous Erdös-Mordell inequality [1], p. 313 states that

$$R_1+R_2+R_3\geqslant 2(r_1+r_2+r_3) \quad ①$$

with equality holding if and only if the triangle ABC is equilateral and P is its center.

Many authors have given proofs for this inequality by using different tools; see, for example, [2-7]. Furthermore this inequality has been extended in various directions, we refer the reader to [1,8-11]. Some other related results can be found in several papers; see [12-20] and references therein.

In [21], to prove Oppenheim′s inequality [12] (see also [22], inequality 12.22)

$$R_2R_3+R_3R_1+R_1R_2\geqslant (r_3+r_1)(r_1+r_2)+(r_1+r_2)(r_2+r_3)+(r_2+r_3)(r_3+r_1) \quad ②$$

the author resented the following new inequality as a lemma:

$$R_2+R_3\geqslant 2r_1+\frac{(r_2+r_3)^2}{R_1} \quad ③$$

with equality holding if and only if $CA=AB$ and P is the circumcenter of triangle ABC.

It is clear that $R_1+\frac{(r_2+r_3)^2}{R_1}\geqslant 2(r_2+r_3)$ follows from the arithmetic-geometric mean inequality, thus inequality ③ implies the Erdös-Mordell inequality ①.

Motivated by inequality ③, we shall establish in this paper two sharpened versions of the Erdös-Mordell inequality. We shall also extend them to the cases with one parameter.

We state the first main result in the following.

Theorem 1　Let P be an interior point of the triangle ABC (P may lie on the boundary except the ertices of ABC), then

$$\frac{(r_2+r_3)^2}{R_1}+\frac{(r_3+r_1)^2}{R_2}+\frac{(r_1+r_2)^2}{R_3}\leqslant R_1+R_2+R_3 \quad ④$$

with equality holding if and only if $\triangle ABC$ is equilateral and P is its center or $\triangle ABC$ is a right isosceles triangle and P is its circumcenter.

The Erdös-Mordell inequality ① can easily be obtained from ④ and the above-mentioned inequality $R_1+\frac{(r_2+r_3)^2}{R_1}\geqslant 2(r_2+r_3)$. Therefore, although the value of the left hand of ④ is not always greater than or equal to $2(r_1+r_2+r_3)$, inequality ④ can still be regarded as a sharpened version of the Erdös-Mordellinequality.

The proof of Theorem 1 needs the following well-known lemma, which will be used in other results of this note.

Lemma 1[2,5] Let a, b, c be the sides BC, CA, AB of the triangle ABC, respectively, then for any interior point P

$$aR_1\geqslant br_3+cr_2, bR_2\geqslant cr_1+ar_3, cR_3\geqslant ar_2+br_1 \quad ⑤$$

Each equality in ⑤ holds if and only if P lies on the line AO, BO, CO, respectively, where O is the circumcenter of the triangle ABC.

We now prove Therorem 1.

Proof By Lemma 1, to prove inequality ④, we only need to prove that

$$\frac{br_3+cr_2}{a}+\frac{cr_1+ar_3}{b}+\frac{ar_2+br_1}{c}\geqslant$$

$$\frac{a(r_2+r_3)^2}{br_3+cr_2}+\frac{b(r_3+r_1)^2}{cr_3+ar_3}+\frac{c(r_1+r_2)^2}{ar_2+br_1} \quad ⑥$$

which is equivalent to

$$(br_3+cr_2)(cr_1+ar_3)(ar_2+br_1)\cdot$$
$$[bc(br_3+cr_2)+ca(cr_1+ar_3)+ab(ar_2+br_1)]-$$
$$a^2bc(cr_1+ar_3)(ar_2+br_1)(r_2+r_3)^2-$$
$$b^2ca(ar_2+br_1)(br_3+cr_2)(r_3+r_1)^2-$$
$$c^2ab(br_3+cr_2)(cr_1+ar_3)(r_1+r_2)^2\geqslant 0 \quad ⑦$$

Expanding and arranging gives the following inequality (required for the proof):

$$a^4(b-c)^2r_2^2r_3^2+b^4(c-a)^2r_3^2r_1^2+c^4(a-b)^2r_1^2r_2^2+$$
$$r_1r_2r_3(bcr_1+car_2+abr_3)\cdot$$
$$[a^2(b-c)^2+b^2(c-a)^2+c^2(a-b)^2]\geqslant 0 \quad ⑧$$

which is obviously true and inequality ④ is proved.

We now consider the equality condition of ④. If P lies inside $\triangle ABC$, then we have strict inequalities $r_1>0$, $r_2>0$, and $r_3>0$. Thus, the equality in ⑧ holds only when $a=b=c$. Furthermore, by Lemma 1 we conclude that the equality in ④ holds if and only if $\triangle ABC$ is equilateral and P is its center. If P lies on the boundary (except the vertices) of $\triangle ABC$, then one of r_1, r_2, r_3 is equal to zero. Thus, we deduce that $\triangle ABC$ must be isosceles when the equality in ⑧ holds. By Lemma 1 we further deduce that the equality in ④ holds if and only if $\triangle ABC$ is a right isosceles triangle and P is its circumcenter. Combining the arguments of the above two cases, we obtain the equality condition of ④ as stated in Theorem

1. This completes the proof of Theorem 1.

As an interesting application of Theorem 1, we shall next derive an important inequality for non-obtuse triangles, i. e., the Walker inequality. As usually, we shall denote by A, B, C the angles of $\triangle ABC$ and denote by s, R, r the semi-perimeter, the circumradius, and the inradius of triangle ABC, respectively. Suppose that $\triangle ABC$ is non-obtuse and P is its circumcenter, then we have $R_1=R_2=R_3=R$, $r_1=R\cos A$, $r_2=R\cos B$, $r_3=R\cos C$, and it follows from ④ that

$$(\cos B+\cos C)^2+(\cos C+\cos A)^2+(\cos A+\cos B)^2\leqslant 3 \qquad ⑨$$

i. e.

$$\cos^2 A+\cos^2 B+\cos^2 C+\cos B\cos C+\cos C\cos A+\cos A\cos B\leqslant\frac{3}{2}$$

Using the following known identities (see [1], pp. 55-56):

$$\cos^2 A+\cos^2 B+\cos^2 C=\frac{6R^2+4Rr+r^2-s^2}{2R^2} \qquad ⑩$$

$$\cos B\cos C+\cos C\cos A+\cos A\cos B=\frac{s^2+r^2-4R^2}{4R^2} \qquad ⑪$$

we further obtain the following Walker inequality (cf. [1], pp. 247-250).

Corollary 1 If ABC is a non-obtuse triangle, then

$$s^2\geqslant 2R^2+8Rr+3r^2 \qquad ⑫$$

Equality holds if $\triangle ABC$ is equilateral or right isosceles.

Next, we give a result similar to Theorem 1.

Theorem 2 Let P be an interior point of the triangle ABC (P may lie on the boundary except the vertices of ABC), then

$$\frac{(r_2+r_3)^2}{R_1+r_2+r_3}+\frac{(r_1+r_3)^2}{R_2+r_3+r_1}+\frac{(r_1+r_2)^2}{R_3+r_1+r_2}\leqslant r_1+r_2+r_3 \quad ⑬$$

with equality holding if and only if $\triangle ABC$ is equilateral and P is its center or $\triangle ABC$ is a right isosceles triangle and P is its circumcenter.

Evidently, inequality ⑬ can be regarded as a extension of the Erdös-Mordell inequality. One the other hard, it is also a sharpened version of the Erdös-Mordell inequality. Since we have, by the arithmetic-geometric mean inequality

$$R_1+r_2+r_3+\frac{4(r_2+r_3)^2}{R_1+r_2+r_3}\geqslant 4(r_2+r_3)$$

or

$$\frac{4(r_2+r_3)^2}{R_1+r_2+r_3}\geqslant 3(r_2+r_3)-R_1$$

By this and its two analogs, we immediately obtain the Erdös-Mordell inequality ① from ⑬.

We now prove Theorem 2.

Proof By Lemma 1, to prove inequality ⑬ we need only to prove that

$$r_1+r_2+r_3\geqslant\frac{(r_2+r_3)^2}{\frac{br_3+cr_2}{a}+r_2+r_3}+\frac{(r_3+r_1)^2}{\frac{cr_1+ar_2}{b}+r_3+r_1}+$$

$$\frac{(r_1+r_2)^2}{\frac{ar_2+br_1}{c}+r_1+r_2} \tag{14}$$

or

$$r_1+r_2+r_3 \geqslant \frac{a(r_2+r_3)^2}{(c+a)r_2+(a+b)r_3}+\frac{b(r_3+r_1)^2}{(a+b)r_3+(b+c)r_1}+\frac{c(r_1+r_2)^2}{(b+c)r_1+(c+a)r_2}$$

which is equivalent to

$$\begin{aligned}&(r_1+r_2+r_3)[(c+a)r_2+(a+b)r_3]\cdot\\&[(a+b)r_3+(b+c)r_1][(b+c)r_1+(c+a)r_2]-\\&a(r_2+r_3)^2[(a+b)r_3+(b+c)r_1]\cdot\\&[(b+c)r_1+(c+a)r_2]-\\&b(r_3+r_1)^2[(b+c)r_1+(c+a)r_2]\cdot\\&[(c+a)r_2+(a+b)r_3]-\\&c(r_1+r_2)^2[(c+a)r_2+(a+b)r_3]\cdot\\&[(a+b)r_3+(b+c)r_1]\geqslant 0\end{aligned} \tag{15}$$

This can be simplified as

$$\begin{aligned}&a(b-c)^2r_2^2r_3^2-b(c-a)^2r_3^2r_1^2+c(a-b)^2r_1^2r_2^2+\\&\frac{1}{2}r_1r_2r_3[(b+c)r_1+(c+a)r_2+(a+b)r_3]\cdot\\&[(b-c)^2+(c-a)^2+(a-b)^2]\geqslant 0\end{aligned} \tag{16}$$

which is clearly true. Therefore, inequalities ⑭ and ⑬ are proved.

Using similar arguments in the proof of Theorem 1, we easily deduce that the equality in ⑬ holds only when the following two cases occur: the $\triangle ABC$

is equilateral and P is its center or $\triangle ABC$ is a right isoseles triangle and P is its circumcenter. This completes the proof of Theorem 2.

In Theorem 2, if we let $\triangle ABC$ be a non-obtuse triangle and let P be its circumcenter, then we can obtain the following trigonometric inequality:

$$\frac{(\cos B+\cos C)^2}{1+\cos B+\cos C}+\frac{(\cos C+\cos A)^2}{1+\cos C+\cos A}+\frac{(\cos A+\cos B)^2}{1+\cos A+\cos B}\leqslant \cos A+\cos B+\cos C \quad ⑰$$

From ⑰, it is not difficult to obtain the following inequality (we omit the details).

Corollary 2 If ABC is a non-obtuse triangle, then

$$s^2\geqslant\frac{(2R+r)(2R^3+R^2r+3Rr^2+r^3)}{R^2+Rr-r^2} \quad ⑱$$

Equality holds if $\triangle ABC$ is equilateral or right isosceles.

Remark 1 Inequality ⑱ is incomparable with Walker's inequality ⑫.

In this section, we present generalizations of Theorem 1 and Theorem 2.

Theorem 3 Let P be an interior point of the triangle ABC (P may lie on the boundary except the vertices of ABC) and let $k\geqslant 0$ be a real number, then

$$\frac{(kr_1+r_2+r_3)^2}{R_1+kr_1}+\frac{(kr_2+r_3+r_1)^2}{R_2+kr_2}+\frac{(kr_3+r_1+r_2)^2}{R_3+kr_3}\leqslant \frac{k+2}{2}(R_1+R_2+R_3) \quad ⑭$$

If $k=0$, the equality in ⑲ holds if and only if $\triangle ABC$ is equilateral and P is its center or $\triangle ABC$ is a right isosceles triangle and P is its circumcenter. If $k>0$, the equality in ⑲ holds if and only if $\triangle ABC$ is equilateral and P is its center.

When $k=0$, then the above theorem reduces to Theorem 1. In order to prove this theorem, we first give the following lemma.

Lemma 2 In any triangle ABC, we let

$Q_1=b(2c^2-2cb+b^2)a^2+2c^3(c-2b)a+b^3c^2$

$Q_2=(b+c)a^3+2(b-c)^2a^2+(b+c)(b^2-5bc+c^2)a+4b^2c^2$

$Q_3=2(b^2-bc+c^2)a^3+2bc(b+c)a^2-2bc(4b^2-bc+4c^2)a+(b^2-bc+c^2)(b+c)^3$

$Q_4=2(b^2+c^2)a^2-4abc(b+c)+bc(b+c)^2$

$Q_5=2(b^2+c^2)a^3-2abc(2b^2-bc+2c^2)+2bc(b+c)(b^2-bc+c^2)$

$Q_6=4(b^2+c^2)a^4-8bc(b+c)a^3+bc(3b^2+4bc+3c^2)a^2+2a(b+c)(b^4-3c^3b+3b^2c^2-3cb^3+c^4)+2b^3c^3$

Then

$$Q_i\geqslant 0 \tag{⑳}$$

where $i=1,2,3,4,5,6$. All the equalities in ⑳ hold if and only if the triangle ABC is equilateral.

Proof Q_1 can be rewritten as

$$Q_1=a(ab+2c^2)(b-c)^2+bc^2(a-b)^2 \tag{㉑}$$

so that $Q_1\geqslant 0$.

It is easy to check that

$$2Q_2 = a(b+c)[(a-b)^2+(a-c)^2]+ (b+c-a)(b-c)^2+X_1 \quad ㉒$$

where

$$X_1=(7b^2-6bc+7c^2)a^2-8bc(b+c)a+8b^2c^2$$

Let

$$\frac{1}{2}(b+c-a)=x, \frac{1}{2}(c+a-b)=y$$

and

$$\frac{1}{2}(a+b-c)=z$$

then $x>0, y>0, z>0$, and

$$\begin{cases} a=y+z \\ b=z+x \\ c=x+y \end{cases} \quad ㉓$$

Also it is easy to obtain

$$X_1=8x^4-8(y^2+z^2)x^2+7y^4-6y^2z^2+7z^4$$

Note that X_1 is a quadratic function of x^2 with the following discriminant:

$$F_1=-160(y+z)^2(y-z)^2\leqslant 0$$

and

$$7y^4-6y^2z^2+7z^4>0$$

Thus, $X_1\geqslant 0$ holds true and then $Q_2\geqslant 0$ follows from ㉒.

Using the substitution ㉓, we obtain the following equality:

$$Q_3=8x^5+6(y+z)x^4+2(y^2-10yz+z^2)x^3+ (y+z)(5y^2-22yz+5z^2)x^2+ (3y^2-4yz+3z^2)(y+z)^2x+ 3(y+z)(y^2+z^2)(y^2-yz+z^2)$$

which can be rewritten as follows:

$$Q_3=x[4x^2+7(y+z)x+6y^2+4yz+6z^2]\cdot [(x-y)^2+(x-z)^2]+X_2 \quad ㉔$$

where

$$X_2=(10y^3+10z^3-4yz^2-4y^2z)x^2-(3y^4+2y^3z+14y^2z^2+2yz^3+3z^4)x+3y^5+3z^5+3y^3z^2+3y^2z^3$$

Since

$$10y^3+10z^3-4yz^2-4y^2z>0$$

and it is easy to obtain the quadratic discriminant F_2 of X_2:

$$F_2=-(111y^6+162zy^5+197y^4z^2+356y^3z^3+197z^4y^2+162z^5y+111z^6)(y-z)^2\leqslant 0$$

Thus we have $X_2\geqslant 0$ and then inequality $Q_3\geqslant 0$ follows from ㉔.

Inequality $Q_4\geqslant 0$ can easily be proved. Indeed, Q_4 can be viewed a quadratic function of a with positive quadratic coefficient and positive constant term, and its discriminant is given by

$$F_3=-8bc(b+c)^2(b-c)^2$$

Hence, we have $Q_4\geqslant 0$.

We now prove inequality $Q_5\geqslant 0$. It is easy to check the following identity:

$$4Q_5=(a+b+c)(b^2+c^2)(2a-b-c)^2+(b-c)^2X_3 \quad ㉕$$

where

$$X_3=a(3b^2-4bc+3c^2)-(b+c)(b^2-4bc+c^2)$$

Under the substitution ㉓, X_3 can be written as

$$X_3 = 4x^3 + 8(y+z)x^2 + 2x(y^2 + 8yz + z^2) + 2(y+z)(y^2 + z^2) \tag{26}$$

Thus, inequality $X_3 > 0$ holds strictly and $Q_5 \geqslant 0$ follows from ㉕.

Finally, we prove $Q_6 \geqslant 0$. Using the substitution ㉓, we obtain

$$\begin{aligned} Q_6 = {} & 2x^6 + 2(y+z)x^5 + 6(y^2 + 3yz + z^2)x^4 + \\ & 2(y+z)(y^2 - 4yz + z^2)x^3 + \\ & (y^4 - 18y^3z - 18yz^3 - 32y^2z^2 + z^4)x^2 + \\ & (y+z)(9y^4 - 12y^3z - 12yz^3 + 8y^2z^2 + 9z^4)x + \\ & 6(y^6 + z^6) + 9yz(y^4 + z^4) + 2y^2z^2(y^2 + z^2) \end{aligned}$$

Through analysis, we find the equality

$$4Q_6 = (y-z)^2 X_4 + [(x-y)^2 + (x-z)^2] X_5 \tag{27}$$

where

$$\begin{aligned} X_4 = {} & 13(y^4 + z^4) + 40x(y^3 + z^3) + 52yz(y^2 + z^2) + \\ & 56xyz(y+z) + 62y^2z^2 \end{aligned}$$

$$\begin{aligned} X_5 = {} & 4x^4 + 8(y+z)x^3 + (18y^2 + 52yz + 18z^2)x^2 + \\ & 18x(y+z)^3 + 11(y^4 + z^4) + \\ & 10yz(y^2 + z^2) + 26y^2z^2 \end{aligned}$$

Thus, we have inequality $Q_6 \geqslant 0$.

From the above proofs of $Q_i \geqslant 0$, we easily conclude that the equalities in $Q_i \geqslant 0 (i = 1, 2, \cdots, 6)$ are all valid if and only if $a = b = c$, i. e. , $\triangle ABC$ is equilateral. This completes the proof of Lemma 2.

In the following, we shall prove Theorem 3. For brevity, we shall, respectively, denote cyclic sums and products over triples (a, b, c), (r_1, r_2, r_3), and (x, y, z) by $\sum$ and $\prod$.

Proof According to Lemma 1, for proving inequality ⑲ it suffices to prove that

$$\frac{k+2}{2}\sum\frac{br_3+cr_2}{a}\geqslant\sum\frac{(kr_1+r_2+r_3)^2}{\frac{br_3+cr_2}{a}+kr_1} \quad ㉘$$

If we set $r_1=x$, $r_2=y$, $r_3=z$, then inequality ㉘ becomes

$$(k+2)\sum bc(zb+yc)\geqslant 2abc\sum\frac{a(kx+y+z)^2}{kxa+zb+yc} \quad ㉙$$

where $x\geqslant 0$, $y\geqslant 0$, $z\geqslant 0$, and at most one of x, y, z is equal to zero.

Putting

$$E_0=(k+2)\sum bc(zb+yc)\prod(kxa+zb+yc)-2abc\sum a(kyb+xc+za)(kzc+ya+xb)(kx+y+z)^2$$

then we see that inequality ㉙ is equivalent to

$$E_0\geqslant 0 \quad ㉚$$

With the help of the famous mathematical software Maple (we used Maple 15), we can obtain the following ideintity:

$$E_0=e_1k^4+e_2k^3+(e_3+e_4+e_5+e_6)k^2+(e_7+e_8+e_9)k+e_{10}+e_{11} \quad ㉛$$

where

$$k\geqslant 0$$

$$e_1=xyabc\sum xb(b-c)^2$$

$$e_2=[4xyzabc\sum yzbc(zb+yc)]\sum xa(b-c)^2$$

$$e_3=abc\sum a(b-c)^2x^4$$

$$e_4 = \sum a\{y[b^2c^3 + 2a(b-2c)b^3 + c(2b^2 - 2bc + c^2)a^2] + z[c^2b^3 + 2a(c-2b)c^3 + b(2c^2 - 2cb + b^2)a^2]\}x^3$$

$$e_5 = \sum bcy^2z^2[(b+c)a^3 + 2(b-c)^2a^2 + (b+c)(b^2 - 5bc + c^2)a + 4b^2c^2]$$

$$e_6 = xyz\sum xa[2(b^2 - bc + c^2)a^3 + 2(b+c)bca^2 - 2(4b^2 - bc + 4c^2)bca + (b^2 - bc + c^2)(b+c)^3]$$

$$e_7 = \sum a(zb + yc)[2(b^2c^2)a^2 - 4bc(b+c)a + bc(b+c)^2]x^3$$

$$e_8 = \sum a[(b^2 + c^2)a^3 - 2bc(2b^2 - bc + 2c^2)a + 2bc(b+c)(b^2 - bc + c^2)]y^2z^2$$

$$e_9 = xyz\sum x[4(b^2 + c^2)a^4 - 8bc(b+c)a^3 + bc(3b^2 + 4bc + 3c^2)a^2 + 2(b+c)(b^4 - 3cb^3 + 3b^2c^2 - 3bc^3 + c^4)a + 2b^3c^3]$$

$$e_{10} = 2\sum a^4(b-c)^2y^2z^2$$

$$e_{11} = 2xyz\sum xbc\sum a^2(b-c)^2$$

Clearly, inequalities $e_1 \geqslant 0$, $e_2 \geqslant 0$, $e_3 \geqslant 0$, $e_{10} \geqslant 0$, and $e_{11} \geqslant 0$ hold for any triangle ABC and non-negative real numbers x, y, z. Also, by Lemma 2, we have $e_4 \geqslant 0$, $e_5 \geqslant 0$, $e_6 \geqslant 0$, $e_7 \geqslant 0$, $e_8 \geqslant 0$ and $e_9 \geqslant 0$. Thus, from identity ㉛ we see that $E_0 \geqslant 0$ holds for $x \geqslant 0$, $y \geqslant 0$, $z \geqslant 0$, and $k \geqslant 0$. Therefore, inequalities ㉚, ㉘, and ⑲ are proved.

When $k = 0$, inequality ⑲ becomes ④ and we have obtained the equality conditions (as stated in Theorem 1). When $k > 0$, by Lemma 1 and identity

㉛ we conclude that the equality ⑲ holds if and only if P is the circumcenter of ABC and the equalities in $e_i \geqslant 0$ $(i=1,2,\cdots,11)$ are all valid. Note that at most one of x, y, z is equal to zero. Thus, the equalities of $e_2 \geqslant 0$, $e_3 \geqslant 0$, $e_4 \geqslant 0$, $e_5 \geqslant 0$, $e_7 \geqslant 0$, and $e_8 \geqslant 0$ occur only when $a=b=c$. we further deduce that the equality in ⑲ holds if and only if $\triangle ABC$ is equilateral and P is its center. This completes the proof of Theorem 3.

We now state and prove the following generalization of Theorem 2.

Theorem 4 Let P be an interior point of the triangle ABC (P may lie on the boundary except the vertices of ABC) and let $k \geqslant 1$ be a real number, then

$$\frac{(r_2+r_3)^2}{R_1+k(r_2+r_3)}+\frac{(r_3+r_1)^2}{R_2+k(r_3+r_1)}+\frac{(r_1+r_2)^2}{R_3+k(r_1+r_2)} \leqslant \frac{2}{k+1}(r_1+r_2+r_3) \quad ㉜$$

If $k=1$, the equality in ㉜ holds if and only if $\triangle ABC$ is equilateral and P is its center or $\triangle ABC$ is a right isosceles triangle and P is its circumcenter. If $k>1$, the equality in ㉜ holds if and only if $\triangle ABC$ is equilateral and P is its center.

Proof We still denote cyclic sums and products by $\sum$ and $\prod$, respectively. If we let $k=1+t$, then $t \geqslant 0$ by the assumption $k \geqslant 1$. According to Lemma 1, for proving inequality ㉜ we have only to prove that

$$\sum \frac{(r_2+r_3)^2}{\frac{br_3+cr_2}{a}+(t+1)(r_2+r_3)} \leqslant \frac{2}{t+2}\sum r_1 \quad ㉝$$

Let $r_1=x$, $r_2=y$, *and* $r_3=z$, then the above inequality becomes

$$\sum \frac{(y+z)^2}{\frac{zb+yc}{a}+(t+1)(y+z)} \leqslant \frac{2}{t+2}\sum x$$

or

$$\sum \frac{a(y+z)^2}{zb+yc+(t+1)(y+z)a} \leqslant \frac{2}{t+2}\sum x \quad ㉞$$

where $x\geqslant 0$, $y\geqslant 0$, $z\geqslant 0$, $t\geqslant 0$, and at most one of x, y, z is equal to zero.

We set

$$M_0=2\sum x\prod[zb+yc+(t+1)(y+z)a]-$$
$$(t+2)\sum a[xc+za+(t+1)(z+x)b]\cdot$$
$$[ya+xb+(t+1)(x+y)c](y+z)^2$$

then ㉞ is equivalent to

$$M_0\geqslant 0 \quad ㉟$$

With the help of the Maple software, we easily obtain the following identity:

$$M_0=m_1t^2+(m_2+m_3+m_4)t+m_5+m_6 \quad ㊱$$

where

$$t\geqslant 0$$

$$m_1=\prod(y+z)\sum xa(b-c)^2$$

$$m_2=[a(y+z)bz+yc](b-c)^2x^3$$

$$m_3=\sum[2a^3-(b+c)a^2+2(b^2+c^2-3bc)a+$$
$$bc(b+c)]y^2z^2$$

$$m_4 = xyz\sum x[3(b+c)a^2+(b^2-14bc+c^2)a+ (b+c)(2b^2-bc+2c^2)]$$

$$m_5 = 2\sum y^2z^2a(b-c)^2$$

$$m_6 = xyz\sum(b+c)x\sum(b-c)^2$$

It is clear that inequalities $m_1\geqslant 0$, $m_2\geqslant 0$, $m_5\geqslant 0$, and $m_6\geqslant 0$ hold for any triangle ABC and non-negative real numbers x, y, z. In addition, by the following identity:

$$2a^3-(b+c)a^2+2(b^2+c^2-3bc)a+bc(b+c)= a(b-c)^2+(a+b)(c-a)^2+(a+c)(a-b)^2 \quad ㊲$$

one sees that $m_3\geqslant 0$. Also, by the identity

$$4[3(b+c)a^2+(b^2-14bc+c^2)a+ (b+c)(2b^2-bc+2c^2)]= 3(b+c)(b+c-2a)^2+ (16a+5b+5c)(b-c)^2 \quad ㊳$$

we have $m_4\geqslant 0$. Therefore, inequality $M_0\geqslant 0$ follows from ㊱ and then inequalities ㉝ and ㉜ are proved.

When $k=1$, inequality ㉜ reduces to ⑬ and we have pointed out the equality conditions in Theorem 2. When $k>1$, we have $t>0$ from the assumption. In this case, by Lemma 1 and ㊱ we conclude that the equality in ㉜ holds if and only if P is the circumcenter of ABC and the equalities in $m_i\geqslant 0$ $(i=1,2,\cdots,6)$ are all valid. Note that at most one of x, y, z is equal to zero. We further deduce that the equality in ㉜ holds if and only if $\triangle ABC$ is equilateral and P is its center. The proof of Theorem 4 is comple-

ted.

Jian Liu has found some sharpened versions of the Erdös-Mordell inequality, which have not been proved at present but have been checked by computer. We introduce here three of them as open problems.

A sharpened version of the Erdös-Mordell inequality similar to the inequalities of Theorem 1 and Theorem 2 is as follows.

Conjecture 1 For any interior point P of $\triangle ABC$, we have

$$\frac{(2r_1+r_2+r_3)^2}{R_2+R_3}+\frac{(2r_2+r_3+r_1)^2}{R_3+R_1}+\frac{(2r_3+r_1+r_2)^2}{R_1+R_2}\leqslant 4(r_1+r_2+r_3) \quad ㊴$$

The two conjectured inequalities below are obvious sharpened versions of the Erdös-Mordell inequality.

Conjecture 2 For any interior point P of $\triangle ABC$, we have

$$R_1+R_2+R_3\geqslant 2\left(\frac{m_a}{w_a}r_1+\frac{m_b}{w_b}r_2+\frac{m_c}{w_c}r_3\right) \quad ㊵$$

where m_a, m_b, m_c are the corresponding medians of triangle ABC and w_a, w_b, w_c the bisectors.

Since we have inequality $m_a\geqslant w_a$ etc., thus ㊵ is stronger than the Erdös-Mordell inequality.

Conjecture 3 For any interior point P of $\triangle ABC$, we have

$$R_1+R_2+R_3\geqslant\frac{w_a+h_a}{h_a}r_1+\frac{w_b+h_b}{h_b}r_2+\frac{w_c+h_c}{h_c}r_3 \quad ㊶$$

where w_a, w_b, w_c are the corresponding bisectors of triangle ABC and h_a, h_b, h_c the altitudes.

From the fact that $w_a \geqslant h_a$ etc., we can see that ㊶ is stronger than the Erdös-Mordell inequality.

References

[1] MITRINOVIĆ D S, PEČARIĆ J E, VOLENEC V. Recent advances in geometric inequalities[M]. Kluwer Academic, Dordrecht, 1989.

[2] MORDELL L J, BARROW D F. Solution of problem 3740[J]. Amer. Math. Mon, 1937, 44:252-254.

[3] AVEZ Z. A short proof of a theorem of Erdös and Mordell[J]. Amer. Math. Mon, 1993,100: 60-62.

[4] LEE H. Another proof of the Erdös-Mordell theorem[J]. Forum Geom., 2001,1:7-8.

[5] ALSINA C, NELSEN R B. A visual proof of the Erdös-Mordell inequality[J]. Forum Geom., 2007,7:99-102.

[6] LIU J. A new proof of the Erdös-Mordell inequality[J]. Int. Election. Geom., 2011,4(2): 114-119.

[7] SAKURAI A. Vector analysis proof of Erdös inequality for triangles[J]. Amer. Math. Mon, 2012,8:682-684.

[8] Ozeki, N. Onl Paul Erdös-Mordell inequality for the triangle[J]. Coll. Arts Sci., Chiba Univ. A, 1957, 2: 247-250.

[9] DERGIADES N. Signed distances and the Erdös-Mordell inequality[J]. Forum Geom., 2004, 4: 67-68.

[10] SI L, HE B W, LENG G S. Erdös-Mordell inequality on a sphere in R^3 [J]. Shanghai Univ. Nat. Sci., 2004, 10: 56-58.

[11] GUERON S, SHAFRIR I. A weighted Erdös-Mordell inequality for polygons [J]. Amer. Math. Mon, 2005, 112: 257-263.

[12] OPPENHEIM A. The Erdös-Mordell inequality and other inequalities for a triangle[J]. Amer. Math. Mon., 1961, 68: 226-230.

[13] MITRINOVIĆ D S, PEČARIĆ J E. On the Erdös-Mordell's inequality for a polygon[J]. Coll. Arts Sci., CHiba Univ., 1986, A. B-19, 3-6.

[14] SATNOIANU R A. Erdös-Mordell type inequality in a triangle[J]. Amer. Math. Mon, 2003, 110: 727-729.

[15] ABI-KHUZAM F F. A trigonometric inequality and its geometric applications[J]. Math. Inequal. Appl., 2003, 3, 437-442.

[16] JANOUS W. Further inequalities of Erdös-Mordell type[J]. Forum Geom., 2004, 4: 203-206.

[17] WE S H, DEBNATH L. Generalization of the Wolstenholme cyclic inequality and its application[J]. Comput. Math. Appl, 2007,53(1): 104-114.

[18] PAMBUCCIAN V. The Erdös-Mordell inequality is equivalent to non-positive curvature[J]. Geom., 2008,88:134-139.

[19] BOMBARDELLI M, WU S H. Reverse inequalities of Erdös-Mordell type[J]. Math. Inequal. Appl. 2009, 12(2):403-411.

[20] MALEŠEVIĆ B, PETROVIĆ M, POPKONSTANTIONVIC B. On the extension of the Erdös-Mordell type inequalities[J]. Math. Inequal. Appl, 2014,17:269-281.

[21] LIU J. On a geometric inequality of Oppenheim [J]. Sci. Arts, 2012,18(1):5-12.

[22] BOOTTEMA O, DJORDJEVIĆ R Z, JANIĆ R R, et al. Geometric Inequalities[M]. Wolters-Noordhoff, Groningen, 1969.

About a Strengthened Version of the Erdös-Mordell Inequality

第

章

One of the most beautiful results in geometry is represented by the Erdös-Mordell ([4]) inequality that for any point P inside a triangle ABC

$$PA+PB+PC\geqslant 2d(P,AB)+2d(P,BC)+2d(P,CA)$$

where $d(P, AB)$ denotes the distance from the point P to the line AB. There are a number of references on this result; see, for example, [1, 5]. Recently, Dao, Nguyen and Pham [3] improved the Erdös-Mordell inequality by replacing the lengths PA, PB, PC by the distances from P to the tangents to the circumcircle at A, B, C respectively.

The aim of this chapter is to prove a further strengthened version of the theorem of Dao-Nguyen-Pham. We use barycentric coordinates to obtain new inequalities (Corollaries 4, 5), and the inequality of Dao-Nguyen-Pham in Corollary 6. Finally, we complete with an interesting application (Corollary 7).

In this chapter, $X\in[Y,Z]$ means that X, Y, Z are collinear, and X is an interior or a boundary point of the segment YZ.

We start with the following lemma.

Lemma 1 Let A, B, C be points on a line l, $B\in[A,C]$ and $k:=\frac{AB}{AC}$ be the ratio of directed lengths. Then

$$d(B,l)=(1-k)d(A,l)+kd(C,l)$$

Proof Denote by U, V, W the orthogonal projections of the points A, B, C respectively onto the line l. Let $T\in[C, W]$ such that $AT\perp CW$ and $AT\cap BV=\{S\}$ (see Figure 1).

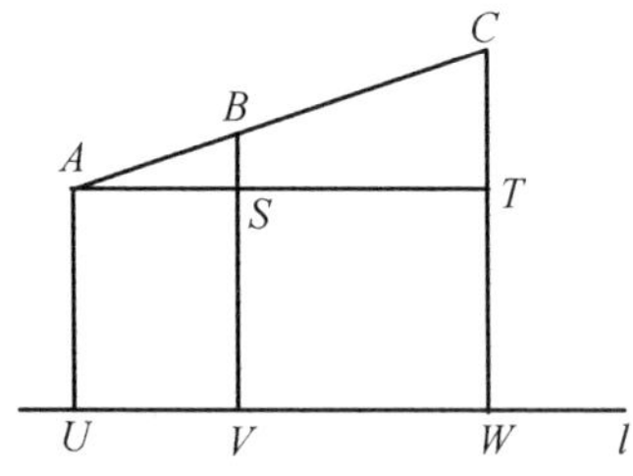

Figure 1

Then $AUVS$ and $SVWT$ are rectangles and $AU=SV=TW$. Furthermore, $\triangle ASB\backsim\triangle ATC$.

Then $\frac{BS}{CT}=\frac{AB}{AC}=k$; so $BS=k\cdot CT$. Furthermore

$$(1-k)d(A,l)+kd(C,l)=$$
$$(1-k)AU+kCW=$$
$$(1-k)SV+kSV+kCT=$$
$$SV+BS=BV=d(B,l)$$

We recall that for any point P inside or the sides of triangle ABC, there are x, y, $z\in[0,1]$ with $x+y+z=1$ such that

$$x\overrightarrow{PA}+y\overrightarrow{PB}+z\overrightarrow{PC}=\mathbf{0}$$

These numbers are unique and are called the barycentric coordinates of P with reference to triangle ABC. Moreover, we have

$$x=\frac{[PBC]}{[ABC]},y=\frac{[PCA]}{[ABC]},z=\frac{[PAB]}{[ABC]}$$

where $[XYZ]$ denotes the (oriented) area of triangle XYZ.

Lemma 2 Let ABC be a triangle with vertices on the same side of a line l, and P a point inside or on the sides of the triangle. If x, y, z are the barycentric coordinats of P with reference to ABC, then

$$d(P,l)=xd(A,l)+yd(B,l)+zd(C,l)$$

Proof Let $AP\cap BC=\{D\}$ so that $x=\frac{[PBC]}{[ABC]}=\frac{PD}{AD}$. From Lemma 1

$$d(P,l)=(1-x)d(D,l)+xd(A,l) \qquad ①$$

Furthermore, $y=\frac{[PCA]}{[ABC]}$ and $z=\frac{[PAB]}{[ABC]}$, so that

$\frac{y}{z}=\frac{[PCA]}{[PAB]}=\frac{CD}{BD}$, and $\frac{CD}{CB}=\frac{y}{y+z}$. From Lemma 1

$$d(D,l)=\left(1-\frac{y}{y+z}\right)d(C,l)+\frac{y}{y+z}d(B,l)$$

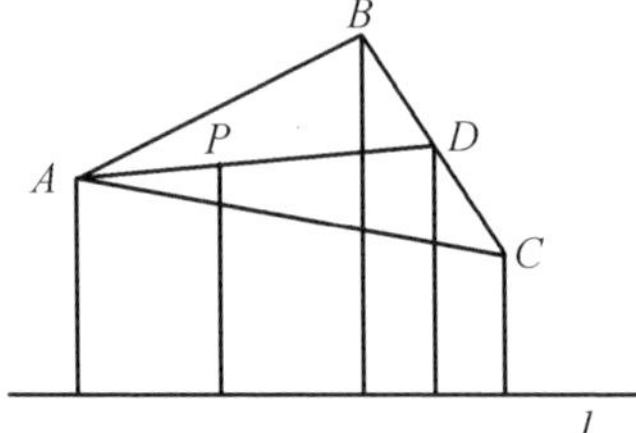

Figure 2

Since $x+y+z=1$, this is equivalent to

$$(1-x)d(D,l)=(y+z)d(D,l)=zd(C,l)+yd(B,l)$$

Together with ①, this gives

$$d(P,l)=xd(A,l)+yd(B,l)+yd(B,l)+zd(C,l)$$

Consider triangle ABC with $A'\in[B,C]$, $B'\in[A,C]$, and $C'\in[A,B]$. Let $\alpha,\beta,\gamma\in\mathbf{R}$, and P be a point in the plane of the triangle. We investigate the inequality:

$$\alpha^2 d(P,BC)+\beta^2 d(P,AC)+\gamma^2 d(P,AB)\geqslant 2\beta r d(P,B'C')+2\alpha\gamma d(P,A'C')+2\alpha\beta d(P,A'B') \quad ②$$

Proposition 1 The following assertions are equivalent:

(a) For any point P inside or on the sides of triangle $A'B'C'$, the inequality ② holds.

(b) For any point $P\in\{A',B',C'\}$, the inequality ② holds, i. e., for $\alpha,\beta,\gamma\in\mathbf{R}$

$$\beta^2 d(A',AC)+\gamma^2 d(A',AB)\geqslant 2\beta\gamma d(A',B'C')$$
$$\alpha^2 d(B',BC)+\gamma^2 d(B',AB)\geqslant 2\alpha\gamma d(B',A'C')$$
$$\alpha^2 d(C',BC)+\beta^2 d(C',AC)\geqslant 2\alpha\beta d(C',A'B')$$

Proof (a)⇒(b): clear.

(b)⇒(a). Let x, y, z be the barycentric coordinates of the point P with reference to triangle $A'B'C'$. By Lemma 2, we have

$$d(P,BC)=xd(A',BC)+yd(B',BC)+zd(C',BC)= yd(B',BC)+zd(C',BC)$$

and analogous results for the lines CA, AB replacing BC. Then

$$\begin{aligned}&\alpha^2 d(P,BC)+\beta^2 d(P,AC)+\gamma^2 d(P,AB)=\\&\alpha^2(yd(B',BC)+zd(C',BC))+\\&\beta^2(xd(A',AC)+zd(C',AC))+\\&\gamma^2(xd(A',AB)+yd(B',AB))=\\&x(\beta^2 d(A',AC)+\gamma^2 d(A',AB))+\\&y(\alpha^2 d(B',BC)+\gamma^2 d(B',AB))+\\&z(\alpha^2 d(C',BC)+\beta^2 d(C',AC))\geqslant\\&x\cdot 2\beta\gamma d(A',B'C')+y\cdot 2\alpha\gamma d(B',A'C')+\\&z\cdot 2\alpha\beta d(C',A'B')\end{aligned} \quad ③$$

Since

$$d(P,B'C')=xd(A',B'C')+yd(B',B'C')+zd(C',B'C')=xd(A',B'C')$$

and similarly

$$d(P,C'A')=yd(B',A'C')$$
$$d(P,A'B')=zd(C',A'B')$$

the last term of ③ is equal to

$2\beta\gamma d(P,B'C')+2\alpha\gamma d(P,A'C')+2\alpha\beta d(P,A'B')$

This completes the proof of (b)⇒(a).

Corollary 1 Let the incircle of triangle ABC touch the sides BC, CA, AB at A', B', C' respectively. The inequality ② holds for any point P inside or on the sides of triangle $A'B'C'$.

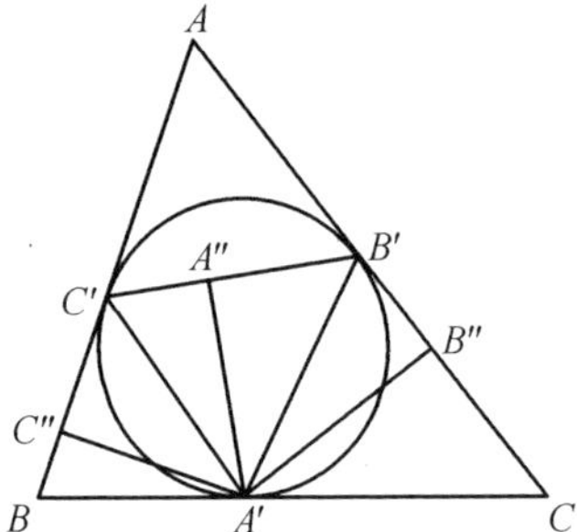

Figure 3

Proof By using Proposition 1, it enough to prove the inequality ③ only for $P\in\{A',B',C'\}$. We suppose $P=A'$. Denote by A'',B'',C'' the orthogonal projections of the point A' onto the lines $B'C'$, AC, AB respectively. Let r be the radius of the incircle of the triangle ABC. Then

$$A'C''=A'C'\sin C''C'A'=A'C'\sin A'B'C'=2r\sin^2 A'B'C'$$

Similarly, $A'B''=2r\sin^2 A'C'B'$. Now we have

$$2\beta\gamma A'A''=\beta\gamma A'C'\sin A'C'B'+\beta\gamma A'B'\sin A'B'C'=2\beta\gamma r\sin A'B'C'\sin A'C'B'+2\beta\gamma r\sin A'B'C'\sin A'C'B'=4\beta\gamma r\sin A'B'C'\sin A'C'B'\leqslant$$

$$2\gamma^2 r\sin^2 A'B'C' + 2\beta^2 r\sin^2 A'C'B' =$$
$$\gamma^2 A'C'' + \beta^2 A'B''$$

Also

$$\gamma^2 d(A', AB) + \beta^2 d(A', AC) \geqslant 2\beta\gamma(A', B'C')$$

and the proof is complete.

Corollary 2 Let the incircle of triangle ABC touch the sides BC, CA, AB at A', B', C' respectively. For any point P inside or on the sides of triangle $A'B'C'$.

$$d(P,BC) + d(P,AC) + d(P,AB) \geqslant$$
$$2d(P,B'C') + 2d(P,A'C') + 2d(P,A'B')$$

Proof We apply Corollary 1 for $\alpha = \beta = \gamma = 1$.

Now, the inequality of Dao-Nguyen-Pham ([3]) is an easy consequence of the previous results.

Corollary 3(Dao-Nguyen-Pham [3]) Let ABC be a triangle inscribed in a circle (O), and P be a point inside the triangle, with orthogonal projections D, E, F onto BC, CA, AB respectively, and H, K, L onto the tangents to (O) at A, B, C respectively. Then

$$PH + PK + PL \geqslant 2(PD + PE + PF)$$

Proof The conclusion follows by using Corollary 2 for the triangle determined by all three tangents, and the fact that the circle (O) is the incircle of this triangle.

In fact, Corollary 1 and a similar reasoning lead us to the weighted version of the previous inequality (see [3, Theorem 4]). Now, we conclude our chapter with the following application, motivated by a recent problem posed in American Mathematical Monthly ([2]).

Corollary 4 Let ABC be a triangle inscribed into a circle (O), and P a point inside the triangle, with orthogonal projections D, E, F onto the tangents to (O) at A, B, C respectively. Then

$$\frac{PD}{a^2}+\frac{PE}{b^2}+\frac{PF}{c^2}\geqslant\frac{1}{R}$$

where R is the circumradius of triangle ABC.

Proof The circumcircle (O) is the incircle of the triangle bounded by the three tangents at the vertices. Applying Corollary 1 with $\alpha=\frac{1}{a}, \beta=\frac{1}{b}, \gamma=\frac{1}{c}$, we have

$$\frac{PD}{a^2}+\frac{PE}{b^2}+\frac{PF}{c^2}\geqslant$$

$$\frac{2d(P,BC)}{bc}+\frac{2d(P,AC)}{ac}+\frac{2d(P,AB)}{ab}=$$

$$\frac{2}{abc}[a\cdot d(P,BC)+b\cdot d(P,AC)+c\cdot d(P,AB)]=$$

$$\frac{2}{abc}(2[PBC]+2[PCA]+2[PAB])=$$

$$\frac{4[ABC]}{abc}=\frac{1}{R}$$

and the proof is completed.

References

[1] ALSINA C, NELSEN R B. A visual proof of the Erdös-Mordell inequality [J]. Forum Geom., 2007, 7:99-102.

[2] ANGHEL N, DINCA M. Problem 11491[J]. Amer. Math. Monthly, 2010, 117: 278; solution, ibid., 2012,119:250.

[3] DAO T O, NGUYEN T D, PHAM N M. A strengthened version of the Erdös-Mordell inequality[J]. Forum Geom., 2016,16:317-321.

[4] ERDÖS P, MORDELL L J, BARROW D F. Problem 3740 [J]. Amer. Math. Monthly, 1935, 42: 396; solutions, ibid, 1937, 44: 252-254.

[5] LEE H J. Another proof of the Erdös-Mordell theorem[J]. Forum Geom., 2001,1:7-8.